信息安全工程师考前冲刺 100 题

朱小平　施　游　编著

中国水利水电出版社
www.waterpub.com.cn
·北京·

内 容 提 要

计算机技术与软件专业技术资格（水平）考试（简称"软考"），是目前行业内最具权威的资格水平考试。信息安全工程师考试是中级软考，通过该考试并获得证书的人员，即已具备从事相应专业岗位工作的水平和能力。

信息安全工程师考试涉及知识面广、考点繁多，对于应试者存在较大的复习难度。本书是作者根据多年的软考培训经验，以及对最新考试出题趋势的研判，对信息安全工程师考试的关键知识点及其考核方式进行了精心梳理，并对典型题目进行分析、归类、整理、总结而成。全书通过思维导图描述整个考试的知识体系，以典型题目带动知识点的复习并阐述解题的方法和技巧，通过对题目的选择和分析来覆盖考试大纲中的重点、难点及疑点。

本书可作为参加信息安全工程师考试考生的自学用书，也可作为软考培训班的教材或培训辅导用书。

图书在版编目（ＣＩＰ）数据

信息安全工程师考前冲刺100题 / 朱小平，施游编著
. -- 北京 ： 中国水利水电出版社，2020.2（2022.1 重印）
ISBN 978-7-5170-8421-1

Ⅰ．①信… Ⅱ．①朱… ②施… Ⅲ．①信息安全－安全技术－资格考试－习题集 Ⅳ．①TP309-44

中国版本图书馆CIP数据核字(2020)第027447号

策划编辑：周春元　　　责任编辑：王开云　　　封面设计：李　佳

书 名	信息安全工程师考前冲刺 100 题 XINXI ANQUAN GONGCHENGSHI KAOQIAN CHONGCI 100 TI
作 者	朱小平　施　游　编著
出版发行	中国水利水电出版社 （北京市海淀区玉渊潭南路 1 号 D 座　100038） 网址：www.waterpub.com.cn E-mail: mchannel@263.net（万水） 　　　　　sales@waterpub.com.cn 电话：（010）68367658（营销中心）、82562819（万水）
经 售	全国各地新华书店和相关出版物销售网点
排 版	北京万水电子信息有限公司
印 刷	三河市鑫金马印装有限公司
规 格	184mm×240mm　16 开本　13.75 印张　318 千字
版 次	2020 年 2 月第 1 版　　2022 年 1 月第 4 次印刷
印 数	9001—12000 册
定 价	48.00 元

凡购买我社图书，如有缺页、倒页、脱页的，本社营销中心负责调换

本书编委会

朱小平　刘　毅　刘　博　钟荣华

袁俞林　邓子云　黄少年　李竹村

施　游　李运佳　易和平　周方琴

朱永华　刘继成　左泽桃　谢林娥

施大泉　陈　娟　徐鹏飞　唐巧燕

朱建胜　王　冀

前　言

计算机技术与软件专业技术资格（水平）考试是国内难度最高的计算机专业资格考试之一，其通过率一直不高。自信息安全工程师开考以来，考试风格还没有完全确定下来，所以通过率往往在8%～20%之间，考试本身是有一定难度的。

对于这种应试性的考试来说，"采用题海战术"确实是不二法门。但问题是，互联网上的习题成千上万，是不是都需要做一遍呢？考生是否有足够的时间来做大量的习题呢？

"采用题海战术"只是考试通关手段的一种表象，之所以通过题海战术应付考试，其真实原因是"大规模地做题使知识点更全面"，是做题者掌握了知识点，而不是题海战术本身。但在时间和精力有限的情况下，考生根本没有足够的时间采用题海战术，那要提高命中率，应该怎么办呢？

信息安全工程师考试上午考试有75道选择题，下午考试有5道案例题。作者通过对信息安全工程师考试的研究发现，该考试涉及的知识点往往不会超过100个，大量的题目围绕着有限的知识点反复考核，一模一样的题目再次出现的概率也不低。为此，我们总结了信息安全工程师考试常考的知识点，并选出了具有代表性的题目。通过学习本书，可以让你有效规避题海战术而达到想要的效果。

本书作为"攻克要塞"百题系列教辅之一，秉承了百题系列一贯的风格，即通过关键题目来攻克知识难点和重点，花较少的时间来通过软考。因此，本书侧重点仍然在"题"，做典型的题，掌握典型的知识点。本书结构完全匹配《信息安全工程师5天修炼》一书，并将知识点按重要性分为**"重要、一般、零星"**三类考点，这样，方便读者把握考点的考试侧重，并结合《信息安全工程师5天修炼》一书展开复习。

感谢学员在教学过程中给予的反馈！

感谢合作培训机构给予的支持！

感谢中国水利水电出版社在此套丛书上的尽心尽力！

我们自知本书并不完美，我们的研发团队也必然会持续完善本书。在阅读过程中，如果您有任何想法和建议，欢迎关注"攻克要塞"公众号，与我们进行交流。

编者

目　录

第1章
信息安全基础知识

本章考点知识结构图如图 1-1 所示。

图 1-1　考点知识结构图

注：星号代表知识点的重要性，余同。

1.1　信息安全研究方向

知识点综述

信息安全的研究包含密码学、网络安全、信息系统安全、信息内容安全、信息对抗等方向。目前该类知识点属于**零星**考点。

参考题型

● 网络空间安全的核心是　(1)　。

A．信息安全　　　　　B．信息处理　　　　C．信息传输　　　　D．信息存储

■ **试题分析**　网络空间是所有信息系统的集合，网络空间安全的核心是信息安全。网络空间安全学科是研究信息的获取、存储、传输、处理等领域中信息安全保障问题的一门学科。

■ **参考答案**　(1) A

1.2　信息安全理论基础

知识点综述

信息安全理论基础包含的学科有：

（1）通用理论基础：包含数学、信息理论、计算理论。

（2）特有理论基础：访问控制理论、博弈论、密码学。

目前该类知识点属于**零星**考点。

参考题型

● 1949 年，　(1)　发表了题为《保密系统的通信理论》的文章，为密码技术的研究奠定了理论基础，由此密码学成了一门科学。

A．Shannon　　　　　B．Diffie　　　　C．Hellman　　　　D．Shamir

■ **试题分析**　《保密系统的通信理论》是 C.E.香农关于信息论的一篇著名论文。

■ **参考答案**　(1) A

● 　(2)　的定义是，一些个人、团队、组织面对一定的环境条件，在一定的规则约束下，依靠掌握的信息，同时或先后，一次或多次，从各自允许选择的行为或策略进行选择并实施，并各自取得相应结果或收益的过程。

A．访问控制理论　　　B．密码学　　　　C．博弈论　　　　D．信息学

■ **试题分析**　博弈论：一些个人、团队、组织面对一定的环境条件，在一定的规则约束下，依靠掌握的信息，同时或先后，一次或多次，从各自允许选择的行为或策略进行选择并实施，并各自取得相应结果或收益的过程。

访问控制理论：包含各种访问控制模型、授权理论。

密码学：研究编制密码和破译密码的技术科学。

信息学：研究信息的产生、获取、传输、处理、分类、识别、存储及利用的学科。

■ **参考答案** （2）C

● 信息理论属于信息安全理论的通用理论基础，___(3)___不属于信息理论。

　A．信息论　　　　　　B．控制论　　　　　　C．系统论　　　　　D．博弈论

■ **试题分析** 信息理论包含信息论、控制论、系统论，不包含博弈论。

■ **参考答案** （3）D

1.3　信息安全方法论

知识点综述

信息安全方法论是研究解决安全问题的方法，具体内容有**理论分析、逆向分析、实验验证、技术实现**。本节考查的知识点还有木桶原则、动态化原则、等级性原则、整体性原则等各种安全原则。

目前该类知识点属于**一般**考点。

参考题型

● 有一种原则是对信息进行均衡、全面的防护，提高整个系统的"安全最低点"的安全性能，该原则称为___(1)___。

　A．动态化原则　　　　B．木桶原则　　　　C．等级性原则　　　D．整体原则

■ **试题分析** 网络安全系统的设计原则有木桶原则、整体性原则、有效性和实用性原则、安全性评价原则、等级性原则、动态化原则、设计为本原则、自主和可控性原则、权限最小化原则、有的放矢原则。其中：

1）木桶原则：系统的不安全程度由最薄弱的部分决定，只要某一组成部分存在漏洞，系统就容易被入侵者从此处攻破。

2）整体性原则：应用系统工程的观点、方法分析网络系统安全防护、监测和应急恢复。这一原则要求在进行安全规划设计时充分考虑各种安全配套措施的整体一致性，不要顾此失彼。

3）实用性原则：进行安全规划和设计、实施安全措施不能影响系统的正常运行和合法用户的操作。

4）动态化原则：安全系统需要进行不断地更新。

5）等级性原则：安全系统需要划分安全层次和安全级别。

■ **参考答案** （1）B

● ___(2)___是一种通过对信息进行均衡、安全的防护，提高整个系统最低安全性能的原则。

　A．木桶原则　　　　　B．保密原则　　　　C．等级化原则　　　D．最小特权原则

■ **试题分析** 木桶原则，系统的不安全程度由最薄弱的部分决定，只要某一组成部分存在漏洞，系统就容易被入侵者从此处攻破。木桶原则是一种通过对信息进行均衡、安全的防护，提高整个系统最低安全性能的原则。

■ **参考答案** （2）A

● 对信息进行均衡、全面的防护，提高整个系统"安全最低点"的安全性能，这种安全原则被称为___（3）___。

　　A．最小特权原则　　　　B．木桶原则　　　C．等级化原则　　　D．最小泄露原则

■ **试题分析**　做题中看到题目中有"最低点""最短板"这类关键词，就可以选木桶原则。木桶原则就是"木桶的最大容积取决于最短的一块木板"，攻击者必然在系统中最薄弱的地方进行攻击。

■ **参考答案**　（3）B

　　为了达到信息安全的目标，各种信息安全技术的使用必须遵守一些基本原则，其中在信息系统中，应该对所有权限进行适当地划分，使每个授权主体只能拥有其中的一部分权限，使它们之间相互制约、相互监督，共同保证信息系统安全的是___（4）___。

　　A．最小化原则　　　　　　　　B．安全隔离原则

　　C．纵深防御原则　　　　　　　D．分权制衡原则

■ **试题分析**　常考的信息安全原则如下：

　　1）最小化原则。受保护的敏感信息只能在一定范围内被共享，履行工作职责和职能的安全主体，在法律和相关安全策略允许的前提下，为满足工作需要，仅被授予其访问信息的适当权限，称为最小化原则。敏感信息的知情权一定要加以限制，是在"满足工作需要"前提下的一种限制性开放。可以将最小化原则细分为知所必须和用所必须的原则。

　　2）分权制衡原则。在信息系统中，对所有权限应该进行适当地划分，使每个授权主体只能拥有其中的一部分权限，使他们之间相互制约、相互监督，共同保证信息系统的安全。如果一个授权主体分配的权限过大，无人监督和制约，就隐含了"滥用权力""一言九鼎"的安全隐患。

　　3）安全隔离原则。隔离和控制是实现信息安全的基本方法，而隔离是进行控制的基础。信息安全的一个基本策略就是将信息的主体与客体分离，按照一定的安全策略，在可控和安全的前提下实施主体对客体的访问。

■ **参考答案**　（4）D

1.4　信息系统安全层次

知识点综述

信息系统安全可以划分为设备安全、数据安全、内容安全、行为安全四个层次。

目前该知识点属于**零星**考点。

参考题型

● 信息系统安全可以划分为四个层次。其中，设备稳定性表示设备在一定时间内不出故障的概率。则该性质应该属于信息系统安全层次中的___（1）___。

　　A．设备安全　　　　B．数据安全　　　C．内容安全　　　D．行为安全

■ **试题分析**　信息系统安全可以划分为四个层次，具体见表 1-1。

表 1-1 信息系统安全层次

层次	属性	说明
设备安全	设备稳定性	设备一定时间内不出故障的概率
	设备可靠性	设备一定时间内正常运行的概率
	设备可用性	设备随时可以正常使用的概率
数据安全	数据秘密性	数据不被未授权方使用的属性
	数据完整性	数据保持真实与完整，不被篡改的属性
	数据可用性	数据随时可以正常使用的概率
内容安全	政治健康	略
	合法合规	
	符合道德规范	
行为安全	行为秘密性	行为的过程和结果是秘密的，不影响数据的秘密性
	行为完整性	行为的过程和结果可预期，不影响数据的完整性
	行为的可控性	可及时发现、纠正、控制偏离预期的行为

- **参考答案** （1）A

● 行为秘密性表示行为的过程和结果是秘密的，不影响数据的秘密性。该属性属于信息系统安全层次中的 (2) 。

  A．设备安全　　　　　　B．数据安全　　　　C．内容安全　　　D．行为安全

- **试题分析** 行为秘密性表示行为的过程和结果是秘密的，不影响数据的秘密性。该属性属于信息系统安全层次中的行为安全。

- **参考答案** （2）D

1.5 信息安全管理

信息安全管理是维护信息安全的体制，是对信息安全保障进行指导、规范的一系列活动和过程。**信息安全管理体系**是组织在整体或特定范围内建立的信息安全方针和目标，以及所采用的方法和手段所构成的体系。该体系包含**密码管理、网络管理、设备管理、人员管理**。

1.5.1 密码管理

知识点综述

密码技术是保护信息安全的最有效手段，也是保护信息安全的最关键技术。考试涉及的密码管理政策有《商用密码管理条例》《电子认证服务密码管理办法》《证书认证系统密码及其相关安全技术规范》《商用密码科研管理规定》《商用密码产品生产管理规定》《商用密码产品销售管理规定》

《可信计算密码支撑平台功能与接口规范》等。

目前该类知识点属于**零星**考点。

参考题型

● 国家密码管理局于2006年1月6日发布公告，公布了"无线局域网产品须使用的系列密码算法"包括 __(1)__ 对称密码算法；__(2)__ 密钥协商算法。

（1）A．SMS4　　　　　B．ECDSA　　　　　C．ECDH　　　　　D．SHA-256

（2）A．SMS4　　　　　B．ECDSA　　　　　C．ECDH　　　　　D．SHA-256

■ **试题分析**　国家密码管理局公布了"无线局域网产品须使用的系列密码算法"，包括：

1）对称密码算法：SMS4。

2）签名算法：ECDSA。

3）密钥协商算法：ECDH。

4）杂凑算法：SHA-256。

5）随机数生成算法：自行选择。

其中，ECDSA和ECDH密码算法须采用国家密码管理局指定的椭圆曲线和参数。

■ **参考答案**　（1）A　（2）C

1.5.2　网络管理

知识点综述

网络管理是对网络进行有效而安全的监控、检查。网络管理的任务就是检测和控制。

目前该类知识点属于**零星**考点。

参考题型

● 网络管理最大的特点是对网络组成成分管理的统一性和远程性。为了保证网络传输性能和安全，网管体系应包含 __(1)__ 四个方面。

A．协议、表示、安全、对象　　　　　　B．网络、设备、交易、协议

C．协议、设备、管理者、被管理者　　　D．协议、对象、设备、操作者

■ **试题分析**　网络管理体系结构应该包括以下四个方面：

1）协议：SNMP协议为主。

2）表示：主要是面向对象表示法，例如SNMP的ASN.1定义方法等。

3）安全：管理者和被管理者之间的加密、认证协议。

4）对象：包括设备、各种协议、业务和交易过程。

■ **参考答案**　（1）A

1.5.3　设备管理

知识点综述

设备安全管理包含设备的选型、安装、调试、安装与维护、登记与使用、存储管理等。

目前该类知识点属于**零星**考点。

参考题型

● ＿（1）＿不是信息系统采用有关信息安全技术措施和采购相应的安全设备时，应遵循的原则。

A．采用境外的信息安全产品时，该产品须通过国家信息安全测评机构的认可

B．严禁直接使用境外的密码设备

C．严禁使用未经国家密码管理部门批准和未通过国家信息安全质量认证的国内密码设备

D．严禁使用未经国家信息安全测评机构认可的信息安全产品

■ **试题分析**　尽量避免直接使用境外的密码设备，必须采用境外的信息安全产品时，该产品须通过国家信息安全测评机构的认可。

■ **参考答案**　（1）B

● 设备使用和维护需要严格按照预先制定的信息系统安全管理规定。＿（2）＿不属于安全的设备维护的原则。

A．应根据设备的资质情况及系统的可靠性等级，制订相关的预防性维护维修计划

B．对系统进行设备维护维修时应采取相关的数据保护措施

C．对维护维修的情况进行记录并有专人管理

D．对折旧设备的处理或严重故障无法维修的设备处理，直接报废处理

■ **试题分析**　对折旧设备的处理或严重故障无法维修的设备处理，须由专业人士或机构对其进行鉴定并对其中的敏感数据进行处理、登记，提出报告和处理意见报管理机构备案和批准后方可进行报废处理。

■ **参考答案**　（2）D

1.5.4　人员管理

知识点综述

人员管理应该全面提升管理人员的业务素质、职业道德、思想素质。网络安全管理人员首先应该通过安全意识、法律意识、管理技能等多方面的审查；之后要对所有相关人员进行适合的安全教育培训。

安全教育对象不仅仅包含网络管理员，还应该包含用户、管理者、工程实施人员、研发人员、运维人员等。

安全教育培训内容包含法规教育、安全技术教育（包含加密技术、防火墙技术、入侵检测技术、漏洞扫描技术、备份技术、计算机病毒防御技术和反垃圾邮件技术、风险防范措施和技术等）和安全意识教育（包含了解组织安全目标、安全规定与规则、安全相关法律法规等）。

目前该类知识点属于**一般**考点。

参考题型

● 以下有关信息安全管理员职责的叙述，不正确的是＿（1）＿。

A．信息安全管理员应该对网络的总体安全布局进行规划

B. 信息安全管理员应该对信息系统安全事件进行处理

C. 信息安全管理员应该负责为用户编写安全应用程序

D. 信息安全管理员应该对安全设备进行优化配置

■ **试题分析** 信息安全管理员应该对网络的总体安全布局进行规划，对信息系统安全事件进行处理，对安全设备进行优化配置等。

■ **参考答案** （1）C

● 对于提高人员安全意识和安全操作技能来说，以下所列的安全管理方法最有效的是___（2）___。

A. 安全检查   B. 安全教育和安全培训

C. 安全责任追究   D. 安全制度约束

■ **试题分析** 对于提高人员安全意识和安全操作技能来说，所有选项涉及的安全管理方法中，最有效的是安全教育和安全培训。

■ **参考答案** （2）B

● 以下关于人员管理的说法，不正确的是___（3）___。

    A. 因人造成的信息安全威胁，往往是因为安全意识淡薄，不理解安全方针或者专业技能不足等原因造成的

    B. 安全教育信息安全人员管理的对象主要包含系统研发和维护人员、一般用户、工程人员等，但不会涉及信息安全相关的所有人员

    C. 信息安全教育和培训的具体内容和要求因对象不同而不同，主要包括法规教育，安全技术教育和安全意识教育等

    D. 安全意识教育主要包括组织信息安全方针与控制目标；安全职责、安全程序及安全管理规章制度；适用的法律法规；防范恶意软件以及其他与安全有关的内容等

■ **试题分析** 信息安全人员管理的安全教育对象，应当包括信息安全相关的所有人员，可能包括领导和管理人员、信息系统的工程技术人员（包括系统研发和维护人员）、一般用户和其他相关人员等。

■ **参考答案** （3）B

1.6 ISO 安全体系结构

知识点综述

ISO 的开放系统互连安全体系结构包含安全机制、安全服务、OSI 参考模型，并明确了三者之间的逻辑关系。

目前该类知识点属于**零星考点**。

参考题型

● ISO 制定的安全体系结构描述了五种安全服务，以下选项中，___（1）___不属于这五种安全服务。

A. 鉴别服务   B. 数据报过滤   C. 访问控制   D. 数据完整性

■ **试题分析** 图 1-2 给出了开放系统互连安全体系结构示意图。ISO 的开放系统互连安全体系结构包含了安全机制、安全服务、OSI 参考模型，明确三者之间的逻辑关系。

1）安全机制：保护系统免受攻击、侦听、破坏及恢复系统的机制。

2）安全服务：加强数据处理系统和信息传输的安全性服务，利用一种或多种安全机制阻止安全攻击。

3）OSI 参考模型：开放系统互连参考模型，即常见的七层协议体系结构。

图 1-2 开放系统互连安全体系结构示意图

■ **参考答案** （1）B

1.7 信息安全风险管理

知识点综述

信息安全风险管理包含风险评估和风险管理两个主要知识点。考试偏重于风险评估知识点的考查。

目前该类知识点属于**一般**考点。

参考题型

● 下列报告中，不属于信息安全风险评估识别阶段的是 (1) 。

A．资产价值分析报告　　　　　　　B．风险评估报告

C．威胁分析报告　　　　　　　　　D．已有安全威胁分析报告

■ **试题分析** 风险评估阶段及输出文档见表 1-2。

表 1-2　风险评估阶段及输出文档

工作阶段	输出文档	文档内容
准备阶段	《系统调研报告》	被评估系统的情况，如系统环境、网络结构、业务组成等
	《风险评估方案》	调研现状与目的，确定评估的目标、计划、对象、范围、技术路线、应急预案等
识别阶段	《资产价值分析报告》	资产分析，包括资产组成，资产价值及必要说明
	《威胁分析报告》	威胁分析，确定威胁的种类，后果及发生的可能性
	《安全技术脆弱性分析报告》	网络、数据库、应用系统、设备等方面的脆弱性说明
	《安全管理脆弱性分析报告》	安全相关策略、组织、制度、人员、运维等方面的脆弱性说明
	《已有安全措施分析报告》	已部署安全措施的有效性分析，包含技术和管理两个方面
风险分析	《风险评估报告》	对资产、威胁、脆弱性等数据，进行建模、分析、计算、评价
风险处置	《安全整改建议》	对于已知风险给出处置建议

■ 参考答案　（1）B

● 以下不属于信息安全风险评估中需要识别的对象是　（2）　。
　　A．资产识别　　　　　B．威胁识别　　　　　C．风险识别　　　　　D．脆弱性识别

■ 试题分析　信息安全风险评估通过对资产、脆弱性、控制措施和威胁四个风险要素的识别与评估，从而获取被评估系统的风险值或风险级别，即各风险要素之间存在复杂的关系，即风险评估的实施带来困难。

■ 参考答案　（2）C

● 信息安全风险评估是依照科学的风险管理程序和方法，充分地对组成系统的各部分所面临的危险因素进行分析评价，针对系统存在的安全问题，根据系统对其自身的安全需求，提出有效的安全措施，达到最大限度减少风险，降低危害和确保系统安全运行的目的，风险评估的过程包括　（3）　四个阶段。
　　A．风险评估准备、漏洞检测、风险计算和风险等级评价
　　B．资产识别、漏洞检测，风险计算和风险等级评价
　　C．风险评估准备、风险因素识别、风险程度分析和风险等级评价
　　D．资产识别、风险因素识别、风险程度分析和风险等级评价

■ 试题分析　略

■ 参考答案　（3）C

● 信息安全风险评估是指确定在计算机系统和网络中每一种资源缺失或遭到破坏对整个系统造成的预计损失数量，是对威胁、脆弱点以及由此带来的风险大小的评估。在信息安全风险评估中，以下说法正确的是　（4）　。

A．安全需求可通过安全措施得以满足，不需要结合资产价值考虑实施成本

B．风险评估要识别资产相关要素的关系，从而判断资产面临的风险大小。在对这些要素的评估过程中，不需要充分考虑与这些基本要素相关的各类属性

C．风险评估要识别资产相关要素的关系，从而判断资产面临的风险大小。在对这些要素的评估过程中，需要充分考虑与这些基本要素相关的各类属性

D．信息系统的风险在实施了安全措施后可以降为零

■ **试题分析**　风险评估要识别资产相关要素的关系，从而判断资产面临的风险大小。在对这些要素的评估过程中，需要充分考虑与这些基本要素相关的各类属性。

■ **参考答案**　（4）C

第2章
安全法规和标准

本章考点知识结构图如图 2-1 所示。

图 2-1 考点知识结构图

2.1 信息安全法律法规

2.1.1 信息安全法律法规体系

知识点综述

我国信息安全法规体系可以分为四层，分别为一般性法律规定、规范和惩罚信息网络犯罪的法律、直接针对信息安全的特别规定、具体信息安全技术和信息安全管理的具体规范。

目前该类知识点属于**零星**考点。

参考题型

下面四个选项中，___(1)___属于规范和惩罚信息网络犯罪的法律。

A.《中华人民共和国刑法》　　　　　　B.《商用密码管理条例》

C.《计算机病毒防治管理办法》　　　　D.《计算机软件保护条例》

■ **试题分析**　我国信息安全法规体系可以分为 4 层，具体见表 2-1。

表 2-1　我国信息安全法规体系

法律层面	具体对应的法律、法规
一般性法律规定	《中华人民共和国宪法》《中华人民共和国国家安全法》《中华人民共和国保守国家秘密法》《治安管理处罚条例》等虽然没有专门针对信息安全的条款，但约束了信息安全相关的行为
规范和惩罚信息网络犯罪的法律	《中华人民共和国刑法》《全国人大常委会关于维护互联网安全的决定》
直接针对信息安全的特别规定	《中华人民共和国计算机信息系统安全保护条例》《中华人民共和国电信条例》《中华人民共和国计算机信息网络国际联网管理暂行规定》《计算机信息网络国际联网安全保护管理办法》
具体规范信息安全技术、信息安全管理	《商用密码管理条例》《计算机病毒防治管理办法》《计算机软件保护条例》《中华人民共和国电子签名法》《金融机构计算机信息系统安全保护工作暂行规定》《计算机信息系统国际联网保密管理规定》

■ **参考答案**　（1）A

2.1.2　安全法规

知识点综述

该知识点包含：《中华人民共和国刑法》对计算机犯罪规定、刑法追责的四类行为、《中华人民共和国网络安全法》、其他安全法律法规等。考试主要考查《中华人民共和国网络安全法》、计算机犯罪与取证等知识。

目前该类知识点属于**重要**考点。

参考题型

● 2017 年 6 月 1 日，___(1)___开始施行。

A.《中华人民共和国计算机信息系统安全保护条例》

B.《计算机信息系统国际联网保密管理规定》

C.《中华人民共和国网络安全法》

D.《中华人民共和国电子签名法》

■ **试题分析**　2017 年 6 月 1 日，《中华人民共和国网络安全法》开始施行。

Chapter 2

■ 参考答案 (1) C

● 2016 年 11 月 7 日,十二届全国人大常委会第二十四次会议以 154 票赞成,1 票弃权,表决通过了《中华人民共和国网络安全法》。该法律由全国人民代表大会常务委员会于 2016 年 11 月 7 日发布,自 (2) 起施行。

A. 2017 年 1 月 1 日   B. 2017 年 6 月 1 日
C. 2017 年 7 月 1 日   D. 2017 年 10 月 1 日

■ 试题分析 《中华人民共和国网络安全法》是为保障网络安全,维护网络空间主权、国家安全和社会公共利益,保护公民、法人和其他组织的合法权益,促进经济社会信息化健康发展制定。《中华人民共和国网络安全法》由全国人民代表大会常务委员会于 2016 年 11 月 7 日发布,自 2017 年 6 月 1 日起施行。

■ 参考答案 (2) B

● 《中华人民共和国网络安全法》明确了国家落实网络安全的职能部门和职责,其中明确规定由 (3) 负责统筹协调网络安全工作和相关监督管理工作。

A. 中央网络安全与信息化小组   B. 国务院
C. 国家网信部门   D. 国家公安部门

■ 试题分析 《中华人民共和国网络安全法》将现行有效的网络安全监管体制法制化,明确了网信部门与其他相关网络监管部门的职责分工。第八条规定,国家网信部门负责统筹协调网络安全工作和相关监督管理工作,国务院电信主管部门、公安部门和其他有关机关依法在各自职责范围内负责网络安全保护和监督管理工作。这种"1+X"的监管体制,符合当前互联网与现实社会全面融合的特点和满足我国监管需要。

■ 参考答案 (3) C

● 《中华人民共和国网络安全法》第五十八条明确规定,因维护国家安全和社会公共秩序,处置重大突发社会安全事件的需要,经 (4) 决定或者批准,可以在特定区域对网络通信采取限制等临时措施。

A. 国务院   B. 国家网信部门
C. 省级以上人民政府   D. 网络服务提供商

■ 试题分析 第五十八条 因维护国家安全和社会公共秩序,处置重大突发社会安全事件的需要,经国务院决定或者批准,可以在特定区域对网络通信采取限制等临时措施。

■ 参考答案 (4) A

● 计算机犯罪是指利用信息科学技术且以计算机跟踪对象的犯罪行为,与其他类型的犯罪相比,具有明显的特征,下列说法中错误的是 (5) 。

A. 计算机犯罪具有隐蔽性
B. 计算机犯罪具有高智能性,罪犯可能掌握一些其他高科技手段
C. 计算机犯罪具有很强的破坏性
D. 计算机犯罪没有犯罪现场

■ **试题分析**　计算机犯罪与其他类型的犯罪相比，具有明显的特征：

第一，隐蔽性强。计算机系统被侵犯了而管理员、信息拥有者可能毫不知情；此外，侵入者很难留下个人信息。

第二，高智能性。与先进的信息科学的密切相关，罪犯可能掌握一些高科技手段。

第三，破坏性强。计算机犯罪中的小操作可能造成巨大破坏。

第四，无传统犯罪现场。计算机犯罪只有数字空间的犯罪现场，包含受害人的计算机系统、中间途径计算机系统组成的网络等。

第五，侦查和取证困难。犯罪人可以重复登录、匿名登录、隐藏 IP 地址数据加密与隐藏等方法躲避侦查。计算机犯罪的证据以数字形式存在，要为人所感知必须转化为文字、声音和图像等，取证相对困难，而且面临转化过程中的一系列法律问题。

第六，公众对计算机犯罪认识不如传统犯罪清晰。计算机犯罪往往没有鲜血和惨状，人们习惯将罪犯描述为天才，将黑客描述为侠士，而受害对象经常是公共利益，因此，公众对计算机和网络犯罪的危害性的认识不足。

第七，计算机犯罪的诱惑性强。

第八，计算机犯罪经常是跨国犯罪，而国际犯罪的司法管辖和协助本来就比较复杂，因此计算机跨国犯罪层出不穷。

■ **参考答案**　（5）D

● 计算机取证是将计算机调查和分析技术应用于对潜在的，有法律效力的证据的确定与提取，以下关于计算机取证的描述中，错误的是　(6)　。

A．计算机取证包括保护目标计算机系统、确定收集和保存电子证据必须在开机的状态下进行

B．计算机取证围绕电子证据进行，电子证据具有高科技性、无形性和易破坏性等特点

C．计算机取证包括对以磁性介质编码信息方式存储的计算机证据的保护、确认、提取和归档

D．计算机取证是一门在犯罪进行过程中或之后收集证据的技术

■ **试题分析**　计算机取证是将计算机调查和分析技术应用于对潜在的、有法律效应的确定和提取。计算机取证时首先必须隔离目标计算机系统，不给犯罪嫌疑人破坏证据的机会。避免出现任何更改系统设置、损坏硬件、破坏数据或病毒感染的情况。

对现场计算机的一个处理原则是，已经开机的计算机不要关机，关机的计算机不要开机。如果现场计算机处于开机状态，应避免激活屏幕保护程序。同时应检查正在进行的程序操作，如果发现系统正在删除文件、格式化、上传文件、系统自毁或进行其他危险活动，立即切断电源。

■ **参考答案**　（6）A

● 计算机取证是指能够为法庭所接受的、存在于计算机和相关设备中的电子证据的确认、保护、提取和归档的过程。以下关于计算机取证的描述中，不正确的是　(7)　。

A．为了保证调查工具的完整性，需要对所有工具进行加密处理

B．计算机取证需要重构犯罪行为

C．计算机取证主要是围绕电子证据进行的

D．电子证据具有无形性

■ **试题分析**　计算机取证主要是围绕电子证据进行的。电子证据具有高科技性、无形性和易破坏性等特点。

计算机取证的特点是：

1）取证是在犯罪进行中或之后，开始收集证据。

2）取证需要重构犯罪行为。

3）为诉讼提供证据。

4）网络取证困难，且完全依靠所保护信息的质量。

为了保证调查工具的完整性，需要对所有工具进行 MD5 等校验处理。

■ **参考答案**　（7）A

● 下面对国家秘密定级和范围的描述中，不符合《中华人民共和国保守国家秘密法》要求的是　　（8）　。

A．对是否属于国家和属于何种密级不明确的事项，可由各单位自行参考国家要求确定和定级，然后报国家保密工作部门备案

B．各级国家机关、单位对所产生的秘密事项，应当按照国家秘密及其密级的具体范围的规定确定密级，同时确定保密期限和知悉范围

C．国家秘密及其密级的具体范围，由国家行政管理部门分别会同外交、公安、国家安全和其他中央有关机关规定

D．对是否属于国家和属于何种密级不明确的事项，由国家保密行政管理部门，或省、自治区、直辖市的保密行政管理部门确定

■ **试题分析**　对是否属于国家秘密和属于何种密级不明确的事项，产生该事项的机关、单位应及时拟定密级和保密期限，并在十日内依照下列规定申请确定：

（一）属于主管业务方面的事项，应报有权确定该事项密级的上级主管业务部门确定。

（二）属于其他方面的事项，经同级政府保密工作部门审核后，拟定为绝密级的，须报国家保密工作部门确定；拟定为机密级的，由省、自治区、直辖市的或者其上级的保密工作部门确定；拟定为秘密级的，由省、自治区政府所在地的市和国务院批准的较大的市或者其上级的保密工作部门确定。

■ **参考答案**　（8）A

2.1.3　安全政策

知识点综述

该知识点主要包含《信息安全等级保护管理办法》《计算机信息系统安全保护等级划分准则》等知识。

目前该类知识点属于**重要**考点。

参考题型

● 依据国家信息安全等级保护相关标准，军用不对外公开的信息系统至少应该属于 ___(1)___ 。

　　A．二级及二级以上　　　　　　　　B．三级及三级以上

　　C．四级及四级以上　　　　　　　　D．五极

　■ **试题分析**

　　1）第一级为自主保护级，适用于一般的信息系统，其受到破坏后，会对公民、法人和其他组织的合法权益产生损害，但不损害国家安全、社会秩序和公共利益。

　　2）第二级为指导保护级，适用于一般的信息系统，其受到破坏后，会对社会秩序和公共利益造成轻微损害，但不损害国家安全。

　　3）第三级为监督保护级，适用于涉及国家安全、社会秩序和公共利益的重要信息系统，其受到破坏后，会对国家安全、社会秩序和公共利益造成损害。

　　4）第四级为强制保护级，适用于涉及国家安全、社会秩序和公共利益的重要信息系统，其受到破坏后，会对国家安全、社会秩序和公共利益造成严重损害。

　　5）第五级为专控保护级，适用于涉及国家安全、社会秩序和公共利益的重要信息系统的核心子系统，其受到破坏后，会对国家安全、社会秩序和公共利益造成特别严重损害。

　　依据国家信息安全等级保护相关标准，军用不对外公开的信息系统至少应该属于三级及三级以上。

　■ **参考答案**　　(1) B

● 《计算机信息系统　安全保护等级划分准则》（GB 17859—1999）中规定了计算机系统安全保护能力的五个等级，其中要求对所有主体和客体进行自主和强制访问控制的是 ___(2)___ 。

　　A．用户自主保护级　　　　　　　　B．系统审计保护级

　　C．安全标记保护级　　　　　　　　D．结构化保护级

　■ **试题分析**　**用户自主保护级：** 本级的计算机信息系统可信计算机通过隔离用户与数据，使用户具备自主安全保护的能力。它具有多种形式的控制能力，对用户实施访问控制，即为用户提供可行的手段，保护用户和用户组信息，避免其他用户对数据的非法读写与破坏。

　　系统审计保护级： 与用户自主保护级相比，本级实施了粒度更细的自主访问控制，它通过登录规程、审计安全性相关事件和隔离资源，使用户对自己的行为负责。

　　安全标记保护级： 本级的计算机具有系统审计保护级所有功能。还提供有关安全策略模型、数据标记以及主体对客体强制访问控制的非形式化描述；具有准确地标记输出信息的能力。

　　这个级别的特点是计算机信息系统可信计算基，对所有主体及其所控制的客体（例如：进程、文件、设备）实施强制访问控制。该级别要求为主体及客体提供敏感标记，这类标记为等级、非等级分类组合，是实施强制访问控制的依据。

　　结构化保护级： 本级的计算机信息系统可信计算基建立于一个明确定义的形式化安全策略模型之上，它要求将第三级系统中的自主和强制访问控制扩展到所有主体与客体。此外，还要考虑隐蔽通道。

　　访问验证保护级： 本级的计算机信息系统满足访问监控器需求。访问监控器仲裁主体对客体的

全部访问。访问监控器本身是抗篡改的；必须足够小，能够分析和测试。

■ **参考答案** （2）D

● 等级保护制度已经被列入国务院《关于加强信息安全保障工作的意见》之中。以下关于我国信息安全等级保护内容的描述，不正确的是 __(3)__ 。

A. 对国家秘密信息、法人和其他组织及公民的专有信息以及公开信息和存储、传输和处理这些信息的信息系统分等级实行安全保护

B. 对信息系统中使用的信息安全产品实行按等级管理

C. 对信息系统中发生的信息安全事件按照等级进行响应和处置

D. 对信息安全从业人员实行按等级管理，对信息安全违法行为实行按等级惩处

■ **试题分析** 国家和地方各级保密工作部门依法对各地区、各部门涉密信息系统分级保护工作实施监督管理。

■ **参考答案** （3）D

2.1.4 知识产权

知识点综述

该知识点包含《中华人民共和国著作权法》《计算机软件保护条例》《计算机软件著作权登记办法》《信息网络传播权保护条例》等知识。

目前该类知识点属于**零星**考点。

参考题型

● 某软件公司参与开发管理系统软件的程序员张某，辞职到另一公司任职，于是该项目负责人将该管理系统软件上开发者的署名更改为李某（接张某工作），该项目负责人的行为 __(1)__ 。

A. 侵犯了张某开发者身份权（署名权）

B. 不构成侵权，因为程序员张某不是软件著作权人

C. 只是行使管理者的权力，不构成侵权

D. 不构成侵权，因为程序员张某已不是项目组成员

■ **试题分析** 尽管职务作品的著作权人属于某软件公司，但软件著作权中有规定，除了署名权特别之外，其余都属于著作权人。

■ **参考答案** （1）A

● 甲、乙两人在同一天就同样的发明创造提交了专利申请，专利局将分别向各申请人通报有关情况，并提出多种可能采用的解决办法，以下说法中，不可能采用的是 __(2)__ 。

A. 甲、乙作为共同申请人

B. 甲或乙一方放弃权利并从另一方得到适当的补偿

C. 甲、乙都不授予专利权

D. 甲、乙都授予专利权

■ **试题分析** 按照专利法的基本原则，对于同一个发明只能授予一个专利权。专利权谁先申

请谁拥有，同时申请则协商归属，但不能够同时驳回双方的专利申请。

■ **参考答案**　（2）D

● 在我国著作权法中，__(3)__ 是指同一概念。

　　A．出版权与版权　　　　　B．著作权与版权　C．作者权与专有权　D．发行权与版权

■ **试题分析**　根据《中华人民共和国著作权法》第五十六条规定："本法所称的著作权即版权。"

■ **参考答案**　（3）B

● 自然人的计算机软件著作权的保护期为__(4)__。

　　A．25 年　　　　　　　　　　B．50 年

　　C．作者终生及死后 50 年　　　D．不受限制

■ **试题分析**　自然人的计算机软件著作权的保护期自软件著作权产生之日起，截止于著作权人死亡后的第 50 年的 12 月 31 日（即著作权人终生及其死亡之后 50 年）。

■ **参考答案**　（4）C

● 《计算机软件保护条例》规定：对于在委托开发软件活动中，委托者与受委托者没有签订书面协议，或者在协议中未对软件著作权归属作出明确的约定，其软件著作权归__(5)__。

　　A．委托者所有　　　　　　　B．受托者所有

　　C．国家所有　　　　　　　　D．软件开发者所有

■ **试题分析**　《计算机软件保护条例》第十一条：接受他人委托开发的软件，其著作权的归属由委托人与受托人签订书面合同约定；无书面合同或者合同未作明确约定的，其著作权由受托人享有。

■ **参考答案**　（5）B

2.2　信息安全标准

2.2.1　信息安全标准体系

知识点综述

依据《中华人民共和国标准化法》，标准体系分为四层，分别是国家标准、行业标准、地方标准、企业标准。

除此之外，国家质量技术监督局颁布的《国家标准化指导性技术文件管理规定》，补充了一种"国家标准化指导性技术文件"。

目前该类知识点属于**零星**考点。

参考题型

● 在我国，依据《中华人民共和国标准化法》可以将标准划分为国家标准、行业标准、地方标准和企业标准四个层次。《信息安全技术　信息系统安全等级保护基本要求》（GB/T 22239－2008）属于__(1)__。

A．国家标准   B．行业标准   C．地方标准   D．企业标准

■ **试题分析**   我国国家标准代号：强制性标准代号为 GB、推荐性标准代号为 GB/T。

■ **参考答案**   （1）A

● 在我国的标准化代号中，属于推荐性国家标准代号的是 __（2）__ 。

A．GB   B．GB/T   C．GB/Z   D．GJB

■ **试题分析**   我国国家标准代号：强制性标准代号为 GB、推荐性标准代号为 GB/T、指导性标准代号为 GB/Z、实物标准代号 GSB。

行业标准代号：由汉语拼音大写字母组成（如电力行业为 DL）。

地方标准代号：由 DB 加上省级行政区划代码的前两位。

企业标准代号：由 Q 加上企业代号组成。

■ **参考答案**   （2）B

2.2.2 标准化组织

知识点综述

这部分知识点主要包含信息安全相关的国际标准组织和我国的信息安全标准化委员会等。

目前该类知识点属于**零星**考点。

参考题型

● SC27 下设三个小组，__（1）__ 是需求、安全服务及指南工作组。

A．WG1   B．WG2   C．WG3   D．WG4

■ **试题分析**   SC27（信息安全通用方法及技术标准化工作的分技术委员会）是 ISO 和 IEC 组成的 JTC1（第一联合技术委员会）下的分技术委员会。

SC27 下设三个小组，具体职责如下：

● 第一工作组（WG1）：需求、安全服务及指南工作组。

● 第二工作组（WG2）：安全技术与机制工作组。

● 第三工作组（WG3）：安全评估准则工作组。

■ **参考答案**   （1）A

全国信息安全标准化技术委员会是在信息安全技术专业领域内，从事信息安全标准化工作的技术工作组织。委员会负责组织开展国内信息安全有关的标准化技术工作，技术委员会主要工作范围包括安全技术、安全机制、安全服务、安全管理、安全评估等领域的标准化技术工作。

● 全国信息安全标准化技术委员会的组织中 __（2）__ 的职责是研究信息安全标准体系；跟踪信息安全标准发展动态；研究、分析国内信息安全标准的应用需求；研究并提出新工作项目及工作建议。

A．WG1   B．WG2   C．WG3   D．WG4

■ **试题分析**   全国信息安全标准化技术委员会的组织结构见表 2-2。

表2-2　全国信息安全标准化技术委员会的组织结构

工作组名称	各工作组职能
WG1（信息安全标准体系与协调工作组）	研究信息安全标准体系；跟踪信息安全标准发展动态；研究、分析国内信息安全标准的应用需求；研究并提出新工作项目及工作建议
WG2（涉密信息系统安全保密标准工作组）	研究提出涉密信息系统安全保密标准体系；制定和修订涉密信息系统安全保密标准，以保证我国涉密信息系统的安全
WG3（密码技术工作组）	密码算法、密码模块，密钥管理标准的研究与制定
WG4（鉴别与授权工作组）	国内外 PKI/PMI 标准的分析、研究和制定
WG5（信息安全评估工作组）	研究提出测评标准项目和制订计划
WG6（通信安全标准工作组）	研究提出通信安全标准体系，制定和修订通信安全标准
WG7（信息安全管理工作组）	信息安全管理标准体系的研究，信息安全管理标准的制定
大数据安全标准特别工作组	负责大数据和云计算相关的安全标准化研制工作

■ **参考答案**　（2）A

2.2.3　信息安全标准

知识点综述

信息安全管理标准分为信息安全管理体系和技术与工程类标准两类。该知识点涉及的具体标准有 BS7799-1《信息安全管理实施规则》、BS7799-2《信息安全管理体系规范》、《可信计算机系统评估准则》（Trusted Computer System Evaluation Criteria，TCSEC）。

目前该类知识点属于**零星**考点。

参考题型

● BS7799 标准是英国标准协会制定的信息安全管理体系标准，它包括两个部分：《信息安全管理实施指南》和《信息安全管理体系规范和应用指南》。依据该标准可以组织建立、实施与保持信息安全管理体系，但不能实现　(1)　。

　A．强化员工的信息安全意识，规范组织信息安全行为

　B．对组织内关键信息资产的安全态势进行动态监测

　C．促使管理层坚持贯彻信息安全保障体系

　D．通过体系认证就表明体系符合标准，证明组织有能力保障重要信息

■ **试题分析**　如果通过体系认证，表明体系符合标准，证明组织有能力保障重要信息，能提高组织的知名度与信任度。

组织建立、实施与保持信息安全管理体系将会产生如下作用：

1）强化员工的信息安全意识，规范组织信息安全行为。

2）对组织的关键信息资产进行全面系统的保护，维持竞争优势。

3）在信息系统受到侵袭时，确保业务持续开展并将损失降到最低程度。

4）使组织的生意伙伴和客户对组织充满信心。

5）如果通过体系认证，表明体系符合标准，证明组织有能力保证重要信息，提高组织的知名度与信任度。

6）促使管理层贯彻信息安全保障体系。

组织可以参照信息安全管理模型，按照先进的信息安全管理标准 BS7799 建立组织完整的信息安全管理体系，并实施与保持该管理体系，形成动态的、系统的、全员参与、制度化的、以预防为主的信息安全管理方式，用最低的成本，达到可接受的信息安全水平，从根本上保证业务的连续性。

■ 参考答案 （1）B

第**3**章
密码学

密码学是研究编制密码和破译密码的技术科学。密码学包含编码学（又称密码编制学）和破译学（又称密码分析学）。编码学研究编制密码保守通信秘密；破译学研究破译密码以获取信息。

本章考点知识结构图如图 3-1 所示。

图 3-1　考点知识结构图

3.1 密码学基本概念

知识点综述

本知识点包含密码学的安全目标（保密性、完整性、可用性），评估密码系统安全性主要有三种方法（无条件安全、计算安全、可证明安全）等。概念相对比较重要，其他章节如"6.1.1 安全的基本要素"中有所涉及。

该知识点可以在上、下午考试中出现，所以该类知识点属于**重要**考点。

参考题型

● 如果破译加密算法所需要的计算能力和计算时间是现实条件所不具备的，那么就认为相应的密码体制是 __(1)__ 。

　　A．计算安全　　　　　　B．可证明安全　　C．无条件安全　　D．绝对安全

■ **试题分析** 评估密码系统安全性主要有三种方法：

1）计算安全：如果破译加密算法所需要的计算能力和计算时间是现实条件所不具备的，那么就认为相应的密码体制是满足计算安全性的。这意味着强力破解证明是安全的。

2）可证明安全：如果对一个密码体制的破译依赖于对某一个经过深入研究的数学难题的解决，就认为相应的密码体制是满足可证明安全性的。这意味着理论保证是安全的。

3）无条件安全：如果假设攻击者在用于无限计算能力和计算时间的前提下，也无法破译加密算法，就认为相应的密码体制是无条件安全性的。这意味着在极限状态上是安全的。

■ **参考答案** （1）A

● 如果对一个密码体制的破译依赖于对某一个经过深入研究的数学难题的解决，就认为相应的密码体制是 __(2)__ 的。

　　A．计算安全　　　　　　B．可证明安全　　C．无条件安全　　D．绝对安全

■ **试题分析** 可证明安全：如果对一个密码体制的破译依赖于对某一个经过深入研究的数学难题的解决，就认为相应的密码体制是满足可证明安全性的。

■ **参考答案** （2）B

3.1.1 密码体制

知识点综述

该知识点涉及密码系统（简称密码体制）及组成（明文空间、密文空间、加密算法、解密算法、密钥空间），加解密过程。

目前该类知识点属于**重要**考点。

参考题型

● 以下关于加密技术的叙述中，错误的是 __(1)__ 。

　　A．对称密码体制的加密密钥和解密密钥是相同的

B．密码分析的目的就是千方百计地寻找密钥或明文

C．对称密码体制中加密算法和解密算法是保密的

D．所有的密钥都有生存周期

■ **试题分析**　密码编码学是研究把信息（明文）变换成没有密钥就不能解读或很难解读密文的方法，密码分析学的任务是破译密码或伪造认证密码。

对称密码体制中加密算法和解密算法是公开的。

■ **参考答案**　（1）C

● A 方有一对密钥(KA$_{pub}$,KA$_{pri}$)，B 方有一对密匙(KB$_{pub}$,KB$_{pri}$)，A 方给 B 方发送信息 M，对信息 M 加密为：M'= KB$_{pub}$(KA$_{pri}$(M))。B 方收到密文，正确的解决方案是 （2） 。

A．KB$_{pub}$(KA$_{pri}$(M'))　　　　　　　　B．KA$_{pub}$(KA$_{pub}$(M'))

C．KA$_{pub}$(KB$_{pri}$(M'))　　　　　　　　D．KB$_{pri}$(KA$_{pri}$(M'))

■ **试题分析**　加密密文为 M'= KB$_{pub}$(KA$_{pri}$(M))，则接收方 B 接收到密文 M' 后：

首先用自己的私钥对 M'进行解密，即 KB$_{pri}$(M')，得到 KA$_{pri}$(M)，然后再用发送方 A 的公钥 KA$_{pub}$ 对 KA$_{pri}$(M)进行解密，得到 M。

整个解密过程为：KA$_{pub}$(KB$_{pri}$(M'))。

■ **参考答案**　（2）C

● 一个密码系统如果用 E 表示加密运算，D 表示解密运算，M 表示明文，C 表示密文，则下面描述必然成立的是 （3） 。

A．E(E(M))=C　　　B．D(E(M))=M　　　C．D(E(M))=C　　　D．D(D(M))=M

■ **试题分析**　明文 M 经 E 加密后，再经 D 解密，可以得到明文本身。

■ **参考答案**　（3）B

● 从网络安全的角度看，以下原则中不属于网络安全防护体系在设计和实现时需要遵循的基本原则的是 （4） 。

A．最小权限原则　　　　　　　　B．纵深防御原则

C．安全性与代价平衡原则　　　　　D．Kerckhoffs 原则

■ **试题分析**　Kerckhoffs 原则认为，一个安全保护系统的安全性不是建立在它的算法对于对手来说是保密的，而是建立在它所选择的密钥对于对手来说是保密的。Kerckhoffs 原则属于密码理论原则。

■ **参考答案**　（4）D

3.1.2　古典密码及破译方法

知识点综述

该知识点包含攻击密码的方法与攻击密码的类型、古典密码（置换密码、代替密码、代数密码）、古典密码的破解方法等。

目前该类知识点属于**重要**考点。

参考题型

● 分析者能够选择密文并获得相应明文的攻击密码的类型属于___(1)___。

A. 仅知密文攻击 　　　　　　　　　　　B. 选择密文攻击

C. 已知明文攻击 　　　　　　　　　　　D. 选择明文攻击

■ **试题分析** 密码分析者的攻击密码类型见表 3-1。

表 3-1　攻击密码类型

攻击密码的类型	攻击者拥有的资源说明
仅知密文攻击 （Ciphertext only attack）	密码分析者仅能通过截获的密文破解密码，这种方式对攻击者最为不利
已知明文攻击 （Know plaintext attack）	密码分析者已知明文-密文对，来破解密码
选择明文攻击 （Chosen plaintext attack）	密码分析者不仅可得到一些"明文-密文对"，还可以选择被加密的明文，并获得相应的密文 差分分析属于选择明文攻击，通过比较分析有特定区别的明文在通过加密后的变化情况来攻击密码算法
选择密文攻击 （Chosen ciphertext attack）	密码分析者可以选择一些密文，并得到相应的明文。这种方式对攻击者最有利。主要攻击公开密钥密码体制，特别是攻击数字签名

■ **参考答案** 　(1) B

● 研究密码破译的科学称为密码分析学。密码分析学中，根据密码分析者可利用的数据资源，可将攻击密码的类型分为四种，其中适于攻击公开密钥密码体制，特别是攻击数字签名的是___(2)___。

A. 仅知密文攻击 　　　　　　　　　　　B. 已知明文攻击

C. 选择密文攻击 　　　　　　　　　　　D. 选择明文攻击

■ **试题分析** 所谓选择密文攻击是指密码分析者能够选择密文并获得相应的明文。这也是对密码分析者十分有利的情况。这种攻击主要攻击公开密钥密码体制，特别是攻击数字签名。

■ **参考答案** 　(2) C

● 密码分析的目的是___(3)___。

A. 发现加密算法 　　　　　　　　　　　B. 发现密钥或者密文对应的明文

C. 发现解密算法 　　　　　　　　　　　D. 发现攻击者

■ **试题分析** 密码分析的目的是发现密钥或者密文对应的明文。

■ **参考答案** 　(3) B

● 密码分析学是研究密码破译的科学，在密码分析过程中，破译密文的关键是___(4)___。

A. 截获密文 　　　　　　　　　　　　　B. 截获密文并获得密钥

C. 截获密文，了解加密算法和解密算法 　D. 截获密文，获得密钥并了解解密算法

■ **试题分析** 密码编码学是研究把信息（明文）变换成没有密钥就不能解读或很难解读的密文的方法，密码分析学的任务是破译密码或伪造认证密码，破译密文的关键是截获密文，获得密钥

并了解解密算法。

■ **参考答案**　（4）D

● 密码分析者针对加解密算法的数学基础和某些密码学特性，根据数学方法破译密码的攻击方式称为　（5）　。

A．数学分析攻击　　　　　　　　B．差分分析攻击

C．基于物理的攻击　　　　　　　D．穷举攻击

■ **试题分析**　所谓数学分析攻击是指密码分析者针对加解密算法的数学基础和某些密码学特性，通过数学求解的方法来破译密码。数学分析攻击是基于数学难题的各种密码的主要威胁。为了对抗这种数学分析攻击，应当选用具有坚实数学基础和足够复杂的加解密算法。

差分分析是一种选择明文攻击，其基本思想是：通过分析特定明文差分对相对应密文差分影响来获得尽可能大的密钥。

■ **参考答案**　（5）A

● 凯撒密码体制是一种代表性的古典密码算法，在凯撒密码体制中，设置密钥参数 k=3，一次对明文"zhongguo"进行加密，则相应的密文为　（6）　。

A．ckrqjixr　　　　B．cdrqijxr　　　　C．akrajjxr　　　　D．ckrqjjxr

■ **试题分析**　凯撒（Caesar）密码，就是把明文字母表循环右移 3 位后得到的字母表，具体见表 3-2。

表 3-2　字母表循环右移 3 位原文与密文对应表

原文	A	B	C	D	E	F	G	H	I	J	K	L	M
密文	D	E	F	G	H	I	J	K	L	M	N	O	P
原文	N	O	P	Q	R	S	T	U	V	W	X	Y	Z
密文	Q	R	S	T	U	V	W	X	Y	Z	A	B	C

对明文"zhongguo"进行加密，则相应的密文为 ckrqjixr。

■ **参考答案**　（6）A

● 移位密码的加密对象为英文字母，移位密码采用对明文消息的每一个英文字母向前推移固定 y 位的方式实现加密。设 key=3，则对应明文 MATH 的密文为　（7）　。

A．OCVJ　　　　　B．QEXL　　　　　C．PDWK　　　　　D．RFYM

■ **试题分析**　移位密码的加密对象为英文字母，移位密码采用对明文消息的每一个英文字母向前推移固定位的方式实现加密。

英文字母与数值之间的对应关系见表 3-3。

设 key=3，则加密变换公式为：$c=(m+3) \bmod 26$。

由于 M=12，则 $c=(m+3) \bmod 26=15$，加密后为 P。

由于 A=0，则 $c=(m+3) \bmod 26=3$，加密后为 D。

由于 T=19，则 c=(m+3)mod 26=22，加密后为 W。

由于 H=7，则 c=(m+3)mod 26=10，加密后为 K。

表 3-3　英文字母与数值的对应关系

英文字母	A	B	C	D	E	F	G	H	I	J	K	L	M
数值	0	1	2	3	4	5	6	7	8	9	10	11	12
英文字母	N	O	P	Q	R	S	T	U	V	W	X	Y	Z
数值	13	14	15	16	17	18	19	20	21	22	23	24	25

■ 参考答案　（7）C

● Vernam 密码奠定了序列密码的基础，Vernam 密码中，明文为1000100　1000001，密钥为1001100 1000001，则密文为　（8）　。

A. 0001000　1000001　　　　　　　　B. 1000100　0000000

C. 1001100　1000001　　　　　　　　D. 0001000　0000000

■ 试题分析　设 Vernam 的明文序列 M =（$m_0,m_1,\cdots,m_{n-1}$），密钥序列 K =（$k_0,k_1,\cdots,k_{n-1}$），密文序列 C =（$c_0,c_1,\cdots,c_{n-1}$），则 Vernam 的加密过程为明文和密钥的二元序列，按位模 2 相加即可。具体公式如下：

$$c_i=m_i \oplus k_i \qquad i=0,1,\cdots,n-1$$

解密过程为密文和密钥的二元序列，按位模 2 相加即可。

$$m_i = c_i \oplus k_i$$

明文：1000100　1000001

密钥：1001100　1000001，明文与密钥按位异或后，得到密文。

密文：0001000　0000000

■ 参考答案　（8）D

3.1.3　量子算法

知识点综述

该知识点主要考查量子比特特征及实用的量子算法（Shor 算法和 Grover 算法）的特点。

目前该类知识点属于**零星**考点。

参考题型

● 实用的量子算法有　（1）　算法。两种算法均可以对 RSA、ELGamal、ECC 密码及 DH 密钥协商协议进行有效攻击。

A. Dijkstra　　　　　　B. AES　　　　　　C. Floyd　　　　　D. Shor

■ 试题分析　实用的量子算法有 Shor 算法和 Grover 算法。两种算法均可以对 RSA、ELGamal、ECC 密码及 DH 密钥协商协议进行有效攻击。

■ 参考答案　（1）D

3.2　分组密码

3.2.1　分组密码的概念

知识点综述

该知识点包括分组密码概念、密码系统分类、分组密码加解密代数表示等知识。

目前该类知识点属于**零星**考点。

参考题型

● 按照密码系统对明文的处理方法，密码系统可以分为　(1)　。

　　A．置换密码系统和易位密码　　　　　　B．密码学系统和密码分析学系统

　　C．对称密码系统和非对称密码系统　　　D．分组密码系统和序列密码系统

■ **试题分析**　根据密文数据段是否与明文数据段在整个明文中的位置有关，可以将密码体制分为分组密码体制和序列密码体制。

　　分组密码每一次加密一个明文块，而序列密码每一次加密一位或一个字符。分组密码和序列密码在计算机系统中都有广泛的应用。

■ **参考答案**　(1) D

● 以下说法，不正确的是　(2)　。

　　A．分组密码体制中每一次加密一个明文块

　　B．序列密码体制中密文仅与加密算法和密钥有关

　　C．序列密码体制每一次加密一位或一个字符

　　D．分组密码体制中密文仅与加密算法和密钥有关

■ **试题分析**　根据密文数据段是否与明文数据段在整个明文中的位置有关，可以将密码体制分为分组密码体制和序列密码体制。

　　分组密码体制：每一次加密一个明文块，密文仅与加密算法和密钥有关。

　　序列密码体制：每一次加密一位或一个字符，密文除了与加密算法和密钥有关外，还与被加密明文部分在整个明文中的位置有关。

■ **参考答案**　(2) B

3.2.2　DES 算法

知识点综述

该知识点包括 DES 概念、DES 算法流程、弱密钥、半弱密钥、3DES 等知识。

目前该类知识点属于**重要**考点。

参考题型

已知 DES 算法的 S 盒如下：

	0	1	2	3	4	5	6	7	8	9	10	11	12	13	14	15
0	1	5	7	1	12	8	3	0	7	4	11	8	13	8	11	10
1	9	1	11	10	6	6	2	8	9	8	6	9	7	9	3	9
2	3	0	2	6	6	5	12	14	5	4	7	8	14	10	5	9
3	11	11	1	10	6	6	4	8	3	4	14	10	4	5	5	14

● 如果该 S 盒的输入为 110011，则其二进制输出为 （1） 。
 A. 0110 　　　　　 B. 1001 　　　　　 C. 0100 　　　　　 D. 0101

■ **试题分析**　S 盒变换是一种压缩替换，通过 S 盒将 48 位输入变为 32 位输出。共有 8 个 S 盒，并行作用。每个 S 盒有 6 个输入，4 个输出，是非线性压缩变换。

设输入为 $b_1b_2b_3b_4b_5b_6$，则以 b_1b_6 组成的二进制数为行号，$b_2b_3b_4b_5$ 组成的二进制数为列号。行列交点处对应的值转换为二进制作为输出。对应的值，需要查询 S 盒替换表。

当 S 盒输入为 "110011" 时，则第 1 位与第 6 位组成二进制串 "11"（十进制 3），中间四位组成二进制 "1001"（十进制 9）。查询 S 盒的 3 行 9 列，得到数字 4，得到输出二进制数是 0100。

■ **参考答案**　（1）C

已知 DES 算法 S 盒如下：

	0	1	2	3	4	5	6	7	8	9	10	11	12	13	14	15
0	7	13	14	3	0	6	9	10	1	2	8	5	11	12	4	15
1	13	8	11	5	6	15	0	3	4	7	2	12	1	10	14	9
2	10	6	9	0	12	11	7	13	15	1	3	14	5	2	8	4
3	3	15	0	6	10	1	13	8	9	4	5	11	12	7	2	14

● 如果该 S 盒的输入为 100010，则其二进制输出为 （2） 。
 A. 0110 　　　　　 B. 1001 　　　　　 C. 0100 　　　　　 D. 0101

■ **试题分析**　当 S 盒输入为 "100010" 时，则第 1 位与第 6 位组成二进制串 "10"（十进制 2），中间四位组成二进制 "0001"（十进制 1）。查询 S 盒的 2 行 1 列，得到数字 6，得到输出二进制数是 0110。

■ **参考答案**　（2）A

已知 DES 算法 S 盒如下：

	0	1	2	3	4	5	6	7	8	9	10	11	12	13	14	15
0	12	1	10	15	9	2	6	8	0	13	3	4	14	7	5	11
1	10	15	4	2	7	12	9	5	6	1	13	14	0	11	3	8
2	9	14	15	5	2	8	12	3	7	0	4	10	1	13	11	6
3	4	3	2	12	9	5	15	10	11	14	1	7	6	0	8	13

● 如果该 S 盒的输入为 110011，则其二进制输出为　(3)　。

　　A. 1110　　　　　　B. 1001　　　　　C. 0100　　　　　D. 0101

■ **试题分析**　110011 对应的行为 11，列为 1001，也就是 3 行 9 列。查表得到 14，转化二进制为 1110。

■ **参考答案**　(3) A

● 在 DES 加密算法中，密钥长度和被加密的分组长度分别是　(4)　。

　　A. 56 位和 64 位　　　　　　　　　　B. 56 位和 56 位

　　C. 64 位和 64 位　　　　　　　　　　D. 64 位和 56 位

■ **试题分析**　DES 分组长度为 64 比特，使用 56 比特密钥对 64 比特的明文串进行 16 轮加密，得到 64 比特的密文串。

■ **参考答案**　(4) A

● 在 DES 加密算法中，子密钥的长度和加密分组的长度分别是　(5)　。

　　A. 56 位和 64 位　　　　　　　　　　B. 48 位和 64 位

　　C. 48 位和 56 位　　　　　　　　　　D. 64 位和 64 位

■ **试题分析**　DES 分组长度为 64 比特，使用 56 比特密钥对 64 比特的明文串进行 16 轮加密，得到 64 比特的密文串。

此题考查的是**子密钥**的长度，和往年试题不同，具有较大的迷惑性，一定要注意审题。DES 的子密钥的长度是 48 位。

■ **参考答案**　(5) B

● 两个密钥三重 DES 加密：$C = E_{K1}[D_{K2}[E_{K1}[P]]]$，$K_1 \neq K_2$，其中有效的密钥为　(6)　。

　　A. 56　　　　　　　B. 128　　　　　　C. 168　　　　　D. 112

■ **试题分析**　3DES 是 DES 的扩展，是执行了三次的 DES。3DES 安全强度较高，可以抵抗穷举攻击，但是用软件实现起来速度比较慢。

3DES 有两种加密方式：

1）第一、三次加密使用同一密钥，这种方式密钥长度 128 位（112 位有效）。

2）三次加密使用不同密钥，这种方式密钥长度 192 位（168 位有效）。

■ **参考答案**　(6) D

● 在 DES 算法中，需要进行 16 轮加密，每一轮的子密钥长度为　(7)　。

　　A. 16　　　　　　　B. 32　　　　　　C. 48　　　　　D. 64

■ **试题分析**　64 位密钥经过置换选择 1、循环左移、置换选择 2，产生 16 个长 48 位的子密钥。

■ **参考答案**　(7) C

●　(8)　属于对称加密算法。

　　A. ELGamal　　　　B. DES　　　　　C. MD5　　　　D. RSA

■ **试题分析**　DES 属于对称加密算法。

■ **参考答案**　(8) B

3.2.3　AES 算法

知识点综述

该知识点包含 AES 概念、过程等知识。

目前该类知识点属于**重要**考点。

参考题型

● AES 结构由以下四个不同的模块组成，其中　__(1)__　是非线性模块。

　　A．字节代换　　　　　　B．行移位　　　　C．列混淆　　　　D．轮密钥加

　　■ **试题分析**　字节代换是按字节进行的代替变换，也称为 S 盒变换。它是作用在状态中每个字节上的一种非线性字节变换。

　　■ **参考答案**　（1）A

● AES 采纳的算法是　__(2)__　。

　　A．Blowfish　　　　　　B．IDEA　　　　C．Rijndael　　　　D．RC4

　　■ **试题分析**　AES 采纳的算法是 RIJNDAEL，该算法安全、性能好、效率高。

　　■ **参考答案**　（2）C

● RIJNDAEL 算法是一个数据块长度和密钥长度都可变的分组加密算法，其数据块长度和密钥长度都可独立地选定为　__(3)__　。

　　A．大于等于 64 位且小于等于 256 位的 32 位的任意倍数

　　B．大于等于 128 位且小于等于 256 位的 64 位的任意倍数

　　C．大于等于 64 位且小于等于 256 位的 64 位的任意倍数

　　D．大于等于 128 位且小于等于 256 位的 32 位的任意倍数

　　■ **试题分析**　RIJNDAEL 算法是一个数据块长度和密钥长度都可变的分组加密算法，其数据块长度和密钥长度都可独立地选定为大于等于 128 位且小于等于 256 位的 32 位的任意倍数。而美国颁布 AES 时规定数据块的长度为 128 位、密钥的长度可分别选择为 128 位、192 位或 256 位。

　　■ **参考答案**　（3）D

● 下面关于 RIJNDAEL 算法的说法，错误的是　__(4)__　。

　　A．RIJNDAEL 算法采用的是分组密码的通用结构

　　B．RIJNDAEL 算法采用的是对轮函数实施迭代的结构

　　C．RIJNDAEL 算法的轮函数结构采用的是 SP 结构

　　D．RIJNDAEL 算法的轮函数结构采用的是 Feistel 结构

　　■ **试题分析**　RIJNDAEL 算法仍然采用分组密码的一种通用结构：对轮函数实施迭代的结构。只是轮函数结构采用的是代替/置换网络结构（SP 结构），没有采用 DES 的 Feistel 结构。

　　■ **参考答案**　（4）D

3.2.4　SM4

知识点综述

该知识点包含 SM4 概念、SM4 框架等知识。

目前该类知识点属于**一般**考点。

参考题型

● SM4 是一种分组密码算法，其分组长度和密钥长度分别为__(1)__。

A．64 位和 128 位　　　　　　　　　B．128 位和 128 位

C．128 位和 256 位　　　　　　　　　D．256 位和 256 位

■ **试题分析**　SM4 是一种分组密码算法，其分组长度和密钥长度分别为 128 位和 128 位。

■ **参考答案**　(1) B

3.2.5　分组密码工作模式

知识点综述

分组密码工作模式是指以某个分组密码算法为基础，解决对任意长度的明文的加密问题的方法。该知识点包含 ECB、CBC、OFB、CFB、计数模式（CTR）等知识。

目前该类知识点属于**重要**考点。

参考题型

分组密码常用的工作模式包括：电码本模式（ECB 模式）、密码反馈模式（CFB 模式），密码分组链接模式（CBC 模式），输出反馈模式（OFB 模式）。图 3-2 描述的是__(1)__模式（图中 P_i 表示明文分组，C_i 表示密文分组）

图 3-2　工作模式

A．ECB 模式　　　　　　　　　　　B．CFB 模式

C．CBC 模式　　　　　　　　　　　D．OFB 模式

■ **试题分析**　密文链接方式中输入是当前明文组与前一密文组的异或。

■ **参考答案**　(1) C

● 在图 3-3 给出的加密过程中 M_i（i=1,2,…,n）表示明文分组，C_i（i=1,2,…,n）表示密文分组，IV 表示初始序列，K 表示密钥，E 表示分组加密。该分组加密过程的工作模式是__(2)__。

A．ECB　　　　　B．CTR　　　　　C．CFB　　　　　D．PCBC

图 3-3　分组加密过程

■ **试题分析**　明密文链接方式中输入是前一组密文和前一组明文异或之后，再与当前明文组异或，成为当前输入。CBC 的明密文链接方式下：加密和解密均会引发错误传播无界。

PCBC 模式与 CBC 模式类似，只是在加解密时，不但要与上一个密文异或，还要与上一个明文进行异或。

■ **参考答案**　（2）D

3.3　序列密码

3.3.1　线性反馈移位寄存器

知识点综述

序列密码方式可以仿效"一次一密"密码，而产生密钥序列的最重要部件是反馈移位寄存器。本知识点包含移位寄存器的定义、反馈过程等知识。

目前该类知识点属于**零星**考点。

参考题型

● 关于线性移位寄存器的说法，不正确的是 　(1) 　。

A．线性移位寄存器的输出序列的性质完全由反馈函数所决定

B．线性移位寄存器的输出序列的性质完全由连接多项式所决定

C．n 级线性移位寄存器最多有 2^{n-1} 个不同的状态

D．若其初始状态为零，则其后续状态恒为零

■ **试题分析**　线性移位寄存器的输出序列的性质完全由反馈函数所决定，即完全是由连接多项式所决定。n 级线性移位寄存器最多有 2^n 个不同的状态。若其初始状态为零，则其后续状态恒为零。若其初始状态不为零，则其后续状态也不为零。

■ **参考答案**　（1）C

● n 级的线性反馈移位寄存器状态周期　　(2)　　。

    A．$\leq 2^{n-1}-1$　　　　　　B．$\leq 2^{n}-1$　　　　　C．$\leq 2^{n}$　　　　　D．$\leq 2^{n-1}$

    ■ **试题分析**　n 级线性移位寄存器的状态周期$\leq 2^{n}-1$，其输出序列的周期$\leq 2^{n}-1$。

    ■ **参考答案**　（2）B

● n 级的线性反馈移位寄存器输出序列周期=$2^{n}-1$ 时，输出序列称为　　(3)　　。

    A．反馈序列　　　　　B．非线性序列　　　C．n 序列　　　　　D．m 序列

    ■ **试题分析**　n 级的线性反馈移位寄存器输出序列周期$\leq 2^{n}-1$。使用合适的连接多项式可以使得周期=$2^{n}-1$，此时的输出序列称为 **m 序列**。

    ■ **参考答案**　（3）D

3.3.2　RC4

知识点综述

RC4 是 Ron Rivest 为 RSA 设计的序列密码，RC4 算法简单、速度快、容易用软硬件实现，因此应用广泛。比如 WEP、WPA、SSL/TLS 应用了 RC4；Windows、Lotus notes、Apple AOCE 等软件系统也应用了 RC4。

该知识点包含 RC 定义、算法等知识。

目前该类知识点属于**零星**考点。

参考题型

● 对于 RC4 算法软件的出口，美国政府作了明确的限制，其密钥长度不能超过　　(1)　　位。

    A．20　　　　　　B．40　　　　　　C．64　　　　　　D．128

    ■ **试题分析**　对于 RC4 算法软件的出口，美国政府作了明确的限制，其密钥长度不能超过 40 位。

    ■ **参考答案**　（1）B

3.3.3　ZUC

知识点综述

祖冲之算法（ZUC 算法）是由我国自主设计的加密和完整性算法，已经被国际组织 3GPP 推荐为无线通信 LTE 的第三套加密标准的核心算法。ZUC 是一个同步流产生算法。该算法由比特重组、非线性函数 F、线性反馈移位寄存器（LFSR）组成。该算法输出序列的随机性好，周期足够大；可以抵抗已知的序列密码分析方法；可抵抗弱密分析。

目前该类知识点属于**零星**考点。

参考题型

● 以下关于 ZUC 算法的说法，不正确的是　　(1)　　。

    A．ZUC 算法输出序列的随机性好

    B．ZUC 由比特重组、非线性函数 F、线性反馈移位寄存器（LFSR）组成

    C．ZUC 算法输出序列的周期足够大

D．ZUC 是一个异步流产生算法

■ **试题分析** ZUC 是一个同步流产生算法。该算法由比特重组、非线性函数 F、线性反馈移位寄存器（LFSR）组成。该算法输出序列的随机性好，周期足够大；可以抵抗已知的序列密码分析方法；可抵抗弱密分析。

■ **参考答案** （1）D

3.4 Hash 函数

3.4.1 Hash 函数的安全性

知识点综述

对 Hash 函数的攻击就是寻找一对碰撞消息的过程。对散列函数的攻击方法主要有两种：利用散列函数的代数结构、穷举攻击。该知识点还包含生日悖论、生日攻击法等知识。

目前该类知识点属于**零星**考点。

参考题型

● 对 Hash 函数的攻击就是寻找一对 ___（1）___ 的过程。

A．密钥 　　　　　　 B．签名 　　　　　 C．数字信封 　　　 D．碰撞消息

■ **试题分析** 对 Hash 函数的攻击就是寻找一对碰撞消息的过程。

■ **参考答案** （1）D

3.4.2 MD5 与 SHA-1 算法

知识点综述

MD5 算法由 MD2、MD3、MD4 发展而来，其消息分组长度为 512 比特，生成 128 比特的摘要。2004 年，王小云教授找到了 MD5 碰撞，并有专家据此伪造了标准的 X.509 证书，实现了真实的攻击。

SHA-1 算法的输入是长度小于 2^{64} 比特的任意消息，输出 160 比特的摘要。同样是王小云教授找到了 SHA-1 算法的碰撞，所以 SHA-1 退出也只是时间问题。

目前该类知识点属于**零星**考点。

参考题型

● 杂凑函数 SHA-1 的输入分组长度为 ___（1）___ 比特。

A．128 　　　　　　 B．258 　　　　　 C．512 　　　　　 D．1024

■ **试题分析** 安全哈希算法（Secure Hash Algorithm）主要适用于数字签名标准 （Digital Signature Standard，DSS）里面定义的数字签名算法（Digital Signature Algorithm，DSA）。对于长度小于 2^{64} 位的消息，SHA-1 会产生一个 160 位的消息摘要。当接收到消息的时候，这个消息摘要可以用来验证数据的完整性。在传输的过程中，数据很可能会发生变化，那么这时候就会产生不同

的消息摘要，如果原始的消息长度超过了 512，我们需要将它补成 512 的倍数。然后我们把整个消息分成一个个长为 512 位的数据块，分别处理每一个数据块，从而得到消息摘要。

■ **参考答案** （1）C

● SHA-1 算法的消息摘要长度是 __（2）__ 位。

    A．128   B．160   C．256   D．512

■ **试题分析** SHA-1 算法的消息摘要长度是 160 位。

■ **参考答案** （2）B

● MD5 是 __（3）__ 算法，对任意长度的输入计算得到的结果长度为 __（4）__ 位。

    （3）A．路由选择   B．摘要   C．共享密钥   D．公开密钥

    （4）A．56   B．128   C．140   D．160

■ **试题分析** 消息摘要算法 5（MD5），把信息分为 512 比特的分组，并且创建一个 128 比特的摘要。

■ **参考答案** （3）B   （4）B

3.4.3 SM3 算法

知识点综述

SM3 是国家密码管理局颁布的安全密码杂凑算法，SM3 采用增强型的 Merkle-Damgard 结构。SM3 算法是把长度为 l(1<2^{64}) 比特的消息 m，经过填充和迭代压缩，生成长度为 256 比特的消息摘要。2018 年 10 月，第 4 版的 ISO/IEC10118-3：2018《信息安全技术杂凑函数 第 3 部分：专用杂凑函数》发布，该标准包含了 SM3 杂凑密码算法，SM3 正式成为国际标准。SM3 算法可以用于数字签名及验证、消息认证码的生成与验证以及随机数的生成，可满足多种密码应用的安全需求。

目前该类知识点属于**零星**考点。

参考题型

● SM3 密码杂凑算法的消息分组长度为 __（1）__ 比特。

    A．64   B．128   C．512   D．1024

■ **试题分析** SM3 密码杂凑算法的消息分组长度为 512 比特。

■ **参考答案** （1）C

● 2018 年 10 月，含有我国 SM3 杂凑算法的 ISO/IEC10118-3: 2018《信息安全技术杂凑函数 第 3 部分：专用杂凑函数》由国际标准化组织（ISO）发布，SM3 算法正式成为国际标准。SM3 的杂凑值长度为 __（2）__ 。

    A．8 字节   B．16 字节   C．32 字节   D．64 字节

■ **试题分析** SM3 杂凑算法经过填充和迭代压缩，生成杂凑值，与 SHA-256 安全性相当。杂凑值长度为 256 比特，即 32 字节。

■ **参考答案** （2）C

3.4.4　HMAC

知识点综述

HMAC 可以用来加密、数字签名、报文验证等。本知识点包含消息认证码、消息认证码的认证过程。

目前该类知识点属于**零星考点**。

参考题型

- 消息认证码 MAC 是消息内容和密钥的公开函数，其输出是　(1)　。

　A．不固定长度的短数据块　　　　　　B．不固定长度的长数据块

　C．固定长度的短数据块　　　　　　　D．固定长度的长数据块

　■ **试题分析**　消息认证码 MAC 是消息内容和密钥的公开函数，其输出是固定长度的短数据块，记为 MAC = C(M,K)。

　■ **参考答案**　(1) C

假定通信双方共享密钥 K。若发送方 A 向接收方 B 发送报文 M，则 A 计算 MAC 并将报文 M 和 MAC 发送给接收方：

第一步：MAC＝C(M,K)

第二步：A→B：M||MAC

- 接收方收到报文后用相同的密钥 K 进行相同的计算得出新的 MAC，并将其与接收到的 MAC 进行比较，若二者相等，则说明　(2)　。

　A．接收方不能相信报文未修改　　　　B．发送方不能相信报文未修改

　C．接收方可以相信报文来自意定的发送方　D．发送方可以相信报文来自意定的接收方

　■ **试题分析**　接收方收到报文后用相同的密钥 K 进行相同的计算得出新的 MAC,并将其与接收到的 MAC 进行比较，若二者相等，则说明：

　1）**接收方可以相信报文未被修改**　如果攻击者改变了报文，因为已假定攻击者不知道密钥，所以他不知道如何对 MAC 作相应修改。这将使接收方计算出的 MAC 将不等于接收到的 MAC。

　2）**接收方可以相信报文来自意定的发送方**　因为其他各方均不知道密钥，因此他们不能产生具有正确 MAC 的报文。

　■ **参考答案**　(2) C

3.5　公钥密码体制

3.5.1　RSA 密码

知识点综述

该小节包含公钥密码体制定义、欧几里德算法、辗转相除法、RSA 等知识。由于相关知识点

概念重要，应用广泛，计算量相对不大，是信息安全工程师**上下午考试的重点**。

参考题型

● 利用公开密钥算法进行数据加密时，采用的方法是___（1）___。

A．发送方用公开密钥加密，接收方用公开密钥解密

B．发送方用私有密钥加密，接收方用私有密钥解密

C．发送方用公开密钥加密，接收方用私有密钥解密

D．发送方用私有密钥加密，接收方用公开密钥解密

■ **试题分析** 利用公开密钥算法进行数据加密的过程是发送方利用接收方的公钥进行加密，然后接收方用自己的密钥进行解密。

■ **参考答案** （1）C

● 下列关于公钥体制的说法，不正确的是___（2）___。

A．在一个公钥体制中，一般存在公钥和私钥两种密钥

B．公钥体制中仅根据加密密钥去确定解密密钥在计算上是可行的

C．公钥体制中的公钥可以以明文方式发送

D．公钥密码体制中的私钥可以用来进行数字签名

■ **试题分析** 公钥体制中加密密钥和解密密钥之间是不能相互推导出来的。

■ **参考答案** （2）B

● 如果发送方使用的加密密钥和接收方使用的解密密钥不相同，从其中一个密钥难以推出另一个密钥，这样的系统称为___（3）___。

A．公钥加密系统   B．单密钥加密系统

C．对称加密系统   D．常规加密系统

■ **试题分析** 加密密钥和解密密钥不相同的算法，称为非对称加密算法，这种方式又称为公钥密码体制，解决了对称密钥算法的密钥分配与发送的问题。在非对称加密算法中，私钥用于解密和签名，公钥用于加密和认证。

■ **参考答案** （3）A

● ___（4）___不属于对称加密算法。

A．IDEA   B．DES   C．RC5   D．RSA

■ **试题分析** 加密密钥和解密密钥相同的算法，称为对称加密算法。常见的对称加密算法有DES、3DES、RC5、IDEA。

加密密钥和解密密钥不相同的算法，称为非对称加密算法,这种方式又称为公钥密码加密算法。在非对称加密算法中，私钥用于解密和签名，公钥用于加密和认证。典型的公钥密码体制有 RSA、DSA、ECC。

■ **参考答案** （4）D

● 网络系统中针对海量数据的加密，通常不采用___（5）___。

A．链路加密   B．会话加密   C．公钥加密   D．端对端加密

■ **试题分析** 公钥加密相对其他加密方式要慢很多，所以不合适海量数据加密。

■ **参考答案** （5）C

● 设在 RSA 的公钥密码体制中，公钥为(e,n)=(13,35)，则私钥为 ___（6）___ 。

    A. 11   B. 13   C. 15   D. 17

■ **试题分析** 选出两个大质数 p 和 q，使得 p≠q

计算 p×q=n

计算 φ(n) =(p-1)×(q-1)

选择 e，使得 1<e<(p-1)×(q-1)，并且 e 和(p-1)×(q-1)互为质数

计算解密密钥，使得 ed=1mod (p-1)×(q-1)

公钥=e，n

私钥=d，n

公开 n 参数，n 又称为模

消除原始质数 p 和 q

由(e,n)=(13,35)可以得知 n=p×q=35，p、q 为素数，因此 p、q 分别为 5 和 7，φ(n)=24。

已知 e=13，则满足四个选项中满足 13d=1 mod 24 等式的是 13，因为 13×13 mod 24 =1。

■ **参考答案** （6）B

● 设在 RSA 的公钥密码体制中，公钥为(e,n)=(7,55)，则私钥 d= ___（7）___ 。

    A. 8   B. 13   C. 23   D. 37

■ **试题分析** 按 RSA 算法求公钥和密钥：

1）选两个质数 p，q；

2）计算 n=p×q=55；由于 55 只能分解为 5×11，所以倒推 p 和 q 为 5，11。

3）计算(p-1)×(q-1)=40；

4）公钥 e=7，则依据 ed=1mod(p-1)×(q-1)，即 7d=1mod 40。

5）结合四个选项，得到 d=23，即 23×7 mod 40=1。

■ **参考答案** （7）C

● 67 mod 119 的逆元是 ___（8）___ 。

    A. 52   B. 67   C. 16   D. 19

■ **试题分析** 用扩展的 Euclid 算法求 67 mod 119 的逆元。

1）对余数进行辗转相除。

119=67×1+52

67=52×1+15

52=15×3+7

15=7×2+1

7=1×7+0

2）对商数逆向排列（不含余数为 0 的商数）。

$$1+2\times3=7 \quad 2+7\times1=9 \quad 7+9\times1=16$$

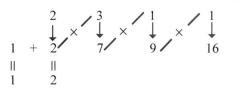

商数为偶数，所以 16 即为 67 mod 119 的逆元。

■ **参考答案**　（8）C

● 基于公开密钥的数字签名算法对消息进行签名和验证时，正确的签名和验证方式是　　(9)　　。

　　A．发送方用自己的公开密钥签名，接收方用发送方的公开密钥验证

　　B．发送方用自己的私有密钥签名，接收方用自己的私有密钥验证

　　C．发送方用接收方的公开密钥签名，接收方用自己的私有密钥验证

　　D．发送方用自己的私有密钥签名，接收方用发送方的公开密钥验证

■ **试题分析**　基于公开密钥的数字签名算法对消息进行签名和验证时，正确的签名和验证方式是发送方用自己的私有密钥签名，接收方用发送方的公开密钥验证。

■ **参考答案**　（9）D

3.5.2　Diffie–Hellman 与 ELGamal 体制

知识点综述

Diffie-Hellman 密钥交换体制，目的是完成通信双方的**对称密钥**交互。Diffie-Hellman 的神奇之处是在不安全环境下（有人侦听）也不会造成**密**钥泄露。

ELGamal 改进了 Diffie-Hellman 密钥交换体制，是基于**离散对数问题**之上的公开密钥密码体制。离散对数问题是指：对于比较大的整数 y、g、p，求出一个整数 x 满足 $y=g^x \bmod p$ 是非常困难的。目前该类知识点属于**零星**考点。

参考题型

● ELGamal 改进了 Diffie-Hellman 密钥交换体制，基于　　(1)　　。

　　A．离散对数问题　　　　　　　　　　B．大数分解难问题

　　C．NP 难问题　　　　　　　　　　　　D．对称问题

■ **试题分析**　ELGamal 改进了 Diffie-Hellman 密钥交换体制，是基于**离散对数问题**之上的**公开密钥密码体制**。

■ **参考答案**　（1）A

3.5.3　椭圆曲线密码

知识点综述

1985 年，费赖提出如果费马大定理有整数解，则必定存在一条对应的椭圆曲线。人们开始认真研究椭圆曲线。同年，Koblitz 和 Miller 独立提出将椭圆曲线应用于密码学之中，提出了椭圆曲

线密码（Elliptic Curve Cryptosysytem，ECC）的概念。

椭圆曲线计算比 RSA 复杂得多，所以以椭圆曲线密钥比 RSA 短。一般认为 160 位长的椭圆曲线密码相当于 1024 位 RSA 密码的安全性。我国第二代居民身份证使用的是**256 位的椭圆曲线密码**。

SM2 算法是国家密码管理局发布的椭圆曲线公钥密码算法，用于在我国商用密码体系中替换 RSA 算法。

目前该类知识点属于**重要**考点。

参考题型

● 近些年，基于标识的密码技术受到越来越多的关注，标识密码算法的应用也得到了快速发展，我国国密标准中的标识密码算法是 ___(1)___ 。

  A．SM2   B．SM3   C．SM4   D．SM9

  ■ **试题分析**　2018 年 10 月，含有我国 SM3 杂凑密码算法的 ISO/IEC10118-3：2018《信息安全技术杂凑函数 第 3 部分：专用杂凑函数》最新一版（第 4 版）由国际标准化组织（ISO）发布，SM3 算法正式成为国际标准。2018 年 11 月，作为补篇 2017 年纳入国际标准的 SM2/SM9 数字签名算法，以正文形式随 ISO/IEC14888-3：2018《信息安全技术带附录的数字签名 第 3 部分：基于离散对数的机制》最新一版发布。

  SM9：标识密码算法是一种基于双线性对的标识密码算法，它可以把用户的身份标识用以生成用户的公、私密钥对，主要用于数字签名、数据加密、密钥交换以及身份认证等。SM9 算法不需要申请数字证书，适用于互联网应用的各种新兴应用的安全保障。如基于云技术的密码服务、电子邮件安全、智能终端保护、物联网安全、云存储安全等。

  SM3：密码杂凑算法。

  SM2：椭圆曲线公钥密码算法。

  ■ **参考答案**　（1）D

● 2017 年 11 月，在德国柏林召开的第 55 次 ISO/IEC 信息安全分技术委员会（SC27）会议上，我国专家组提出的 ___(2)___ 算法一致通过成为国际标准。

  A．SM2 与 SM3 B．SM3 与 SM4 C．SM4 与 SM9 D．SM9 与 SM2

  ■ **试题分析**　2017 年 ISO/IEC JTC1 SC27（信息安全分技术委员会）工作组会议在德国柏林召开，工作组会议一致通过我国 SM2 与 SM9 数字签名算法定为国际标准，正式进入标准发布阶段。

  ■ **参考答案**　（2）D

● SM2 算法是国家密码管理局于 2010 年 12 月 17 日发布的椭圆曲线公钥密码算法，在我们国家商用密码体系中被用来替换 ___(3)___ 算法。

  A．DES   B．MD5   C．RSA   D．IDEA

  ■ **试题分析**　SM2 算法和 RSA 算法都是公钥密码算法，SM2 算法是一种更先进安全的算法，在我们国家商用密码体系中被用来替换 RSA 算法。

  ■ **参考答案**　（3）C

● 对于定义在 GF(p) 上的椭圆曲线，取素数 p=11，椭圆曲线 $y^2=x^3+x+6 \bmod 11$，则以下是椭圆曲线 11 平方剩余的是　(4)　。

A．x=1　　　　　　B．x=3　　　　　　C．x=6　　　　　　D．x=9

■ **试题分析**　椭圆曲线 $y^2 = x^3 + x + 6$ 的解点，可以采用穷尽的方法，本题计算量有些大。

x	x^3+x+6 mod 11	是否模 11 平方剩余	y
0	6	No	
1	8	No	
2	5	Yes	4，7
3	3	Yes	5，6
4	8	No	
5	4	Yes	2，9
6	8	No	
7	4	Yes	2，9
8	9	Yes	3，8
9	7	No	
10	4	Yes	2，9

其中模 11 平方剩余，x 可以为 2、3、5、7、8、10 等。

■ **参考答案**　(4) B

● a=17，b=2，则满足 a 与 b 取模同余的是　(5)　。

A．4　　　　　　　　B．5　　　　　　　C．6　　　　　　　D．7

■ **试题分析**　整数 a、b 关于模 n 是同余的充分必要条件是 n 整除 b-a，记为 n|b-a。

b-a=17-2=15，n 能整除 15 的值，在四个选项中只有 5。

■ **参考答案**　(5) B

3.6　数字签名

知识点综述

数字签名（Digital Signature）的作用就是确保 A 发送给 B 的信息就是 A 本人发送的，并且没有篡改。数字签名体制包括**施加签名**和**验证签名**两个方面。

目前该类知识点属于**重要**考点。

参考题型

● 数字签名最常见的实现方法是建立在　(1)　的组合基础之上。

A．公钥密码体制和对称密码体制　　　　B．对称密码体制和 MD5 摘要算法

C．公钥密码体制和单向安全散列函数算法　　D．公证系统和 MD4 摘要算法

■ **试题分析** 数字签名是用于确认发送者身份和消息完整性的一个加密的消息摘要，最常见的实现方法是建立在公钥密码体制和单向安全散列函数算法的组合基础上的。

公钥密码体制用于确认身份，单向安全散列函数算法用于保证消息完整性。

■ **参考答案** （1）C

● 甲收到一份来自乙的电子订单后，将订单中的货物送达乙时，乙否认自己曾经发送过这份订单，为了解除这种纷争，采用的安全技术是___（2）___。

  A．数字签名技术   B．数字证书   C．消息认证码   D．身份认证技术

■ **试题分析** 数字签名技术可以用于防止电子商务活动中的抵赖行为。

■ **参考答案** （2）A

● 数字签名是对数字形式储存的消息就行某种处理，产生一种类似于传统手书签名功效的信息处理过程。一个数字签名体制通常包括___（3）___两个部分。

  A．施加签名和验证签名   B．数字证书和身份认证

  C．身份消息加密和解密   D．数字证书和消息摘要

■ **试题分析** 一个数字签名体制通常包括两个部分：施加签名和验证签名。

■ **参考答案** （3）A

● 下列关于数字签名的说法，正确的是___（4）___。

  A．数字签名是不可信的   B．数字签名容易被伪造

  C．数字签名容易抵赖   D．数字签名不可改变

■ **试题分析** 数字签名用于解决信息的不可信、被伪造、抵赖等问题，具有不可改变性。

■ **参考答案** （4）D

● DSS 数字签名标准的核心是数字签名算法 DSA，该签名算法中杂凑函数采用的是___（5）___。

  A．SHA-1   B．MD5   C．MD4   D．SHA-2

■ **试题分析** DSS 数字签名标准的核心是数字签名算法 DSA，该签名算法中杂凑函数采用的是 SHA-1。

■ **参考答案** （5）A

● 数字签名是对以数字形式存储的消息进行某种处理，产生一种类似于传统手书签名功效的信息处理过程，实现数字签名最常见的方法是___（6）___。

  A．数字证书和 PKI 系统相结合

  B．对称密码体制和 MD5 算法相结合

  C．公钥密码体制和单向安全 Hash 函数算法相结合

  D．公钥密码体制和对称密码体制相结合

■ **试题分析** 数字签名最常用的实现方法建立在公钥密码体制和安全单向散列函数的基础之上。

■ **参考答案** （6）C

● 数字签名是对以数字形式存储的消息进行某种处理，产生一种类似于传统手书签名功效的信息处理过程。数字签名标准 DSS 中使用的签名算法 DSA 是基于 ELGamal 和 Schnorr 两个方案而

设计的。当 DSA 对消息 m 的签名验证结果为 True，也不能说明 __(7)__ 。

　A．接收的消息 m 无伪造　　　　　B．接收的消息 m 无篡改

　C．接收的消息 m 无错误　　　　　D．接收的消息 m 无泄密

　■ **试题分析**　数字签名只能保证消息不被伪造、无篡改、无泄密。但不能保证传输的消息的正确性。

　■ **参考答案**　（7）C

3.7　认证

3.7.1　身份认证

知识点综述

　认证（Authentication）用于证实某事是否真实或有效的过程。认证的原理是通过核对人或事的特征参数（如智能卡、指纹、密钥、口令等）来验证目标的真实性和有效性。

　本节包含的知识点有认证和加密的对比、认证和数字签名技术的对比、常见的身份认证协议 S/Key 口令协议、Kerberos、X.509 等协议、口令认证的过程、生物特征识别等。

　目前该类知识点属于**重要**考点。

参考题型

● 面向身份信息的认证应用中，最常用的认证方法是 __(1)__ 。

　A．基于数据库的认证　　　　　B．基于摘要算法认证

　C．基于 PKI 认证　　　　　　　D．基于账户名/口令认证

　■ **试题分析**　认证又称鉴别、确认，它是证实某事是否名副其实或是否有效的一个过程。基于账户名/口令认证属于最常用的认证方法。

　■ **参考答案**　（1）D

● S/Key 口令是一种一次性口令生产方案，它可以对抗 __(2)__ 。

　A．恶意代码木马攻击　　　　　B．拒绝服务攻击

　C．协议分析攻击　　　　　　　D．重放攻击

　■ **试题分析**　S/Key 一次性口令系统是一个基于 MD4 和 MD5 的一次性口令生成方案。它可以对访问者的身份与设备进行综合验证。S/Key 协议的操作基于客户端/服务器端模式。客户端可以是任何设备，如普通的 PC 或者是有移动商务功能的手机。而服务器一般都是运行 UNIX 系统。

　重放攻击（Replay Attacks）是指攻击者通过某种方式在网络连接中获取他人的登录账户与口令，然后利用他对某个网络资源的访问权限。而现在 S/Key 协议分配给访问者的口令每次都不同，所以，就可以有效地解决口令泄露问题，可以避免重放攻击。

　■ **参考答案**　（2）D

● 下列各种协议中，不属于身份认证协议的是 __(3)__ 。

A．S/Key 口令协议　　　　B．Kerberos　　　　C．X.509 协议　　　D．IPSec 协议

■ **试题分析** 身份认证用于识别用户是否合法。常见的身份认证协议有 S/Key 口令协议、Kerberos、X.509 等。

IPSec 定义了在网际层使用的安全服务，其功能包括数据加密、对网络单元的访问控制、数据源地址验证、数据完整性检查和防止重放攻击。

■ **参考答案**　（3）D

● 以下关于认证技术的叙述中，错误的是　(4)　。

　　A．指纹识别技术的利用可以分为验证和辨识

　　B．数字签名是十六进制的字符串

　　C．身份认证是用来对信息系统中实体的合法性进行验证的方法

　　D．消息认证能够确定接收方收到的消息是否被篡改

■ **试题分析** 很多应用系统第一步就是用户的身份认证，用于识别用户是否合法。身份认证主要有口令认证、生物特征识别两种主要方式。指纹识别属于生物特征识别技术。

指纹识别技术可以分为验证、辨识两种。

● 验证：现场采集的指纹与系统记录指纹进行匹配来确认身份。验证的前提条件是指纹必须在指纹库中已经注册。验证其实是回答了这样一个问题："他是他自称的这个人吗？"

● 辨识：辨识则是把现场采集到的指纹（也可能是残缺的）同指纹数据库中的指纹逐一对比，从中找出与现场指纹相匹配的指纹。辨识其实是回答了这样一个问题："他是谁？"

数字签名验证口令：系统存有用户公钥，利用数字签名方式验证口令。是一个**二进制**的字符串。

消息认证（Message Authentication）就是验证消息的完整性，当接收方收到发送方的报文时，接收方能够验证收到的报文是真实的和未被篡改的。它包含两层含义：一是验证信息的发送者是真正的而不是冒充的，即数据起源认证；二是验证信息在传送过程中未被篡改、重放或延迟等。

■ **参考答案**　（4）B

● 信息通过网络进行传输的过程中，存在着被篡改的风险，为了解决这一安全问题，通常采用的安全防护技术是　(5)　。

　　A．加密技术　　　　　　B．匿名技术　　　C．消息认证技术　D．数据备份技术

■ **试题分析** 消息认证就是验证消息的完整性，当接收方收到发送方的报文时，接收方能够验证收到的报文是真实的和未被篡改的。它包含两层含义：一是验证信息的发送者是真正的而不是冒充的，即数据起源认证；二是验证信息在传送过程中未被篡改、重放或延迟等。

■ **参考答案**　（5）C

● 以下选项中，不属于生物识别方法的是　(6)　。

　　A．指纹识别　　　　　　B．声音识别　　　C．虹膜识别　　　　D．个人标记号识别

■ **试题分析** 经验表明身体特征（指纹、掌型、视网膜、虹膜、人体气味、脸型、手的血管和 DNA 等）和行为特征（签名、语音、行走步态等）可以对人进行唯一标示，可以用于身份识别。目前指纹识别技术发展最为深入。

■ **参考答案** （6）D

● 身份识别在信息安全领域有着广泛的应用，通过识别用户的生理特征来认证用户的身份是安全性很高的身份认证方法。如果把人体特征用于身份识别，则它应该具有不可复制的特点，必须具有 ＿＿(7)＿＿。

A．唯一性和保密性 　　　　　　　B．唯一性和稳定性

C．保密性和可识别性　　　　　　　D．稳定性和可识别性

■ **试题分析**　身份认证，用于识别用户是否合法。身份认证主要有口令认证和生物特征识别两种主要方式。生物特征识别的认证需要具有的特性有随身性、安全性、唯一性、普遍性、稳定性、可采集性、可接受性、方便性。

■ **参考答案** （7）B

● 在非安全的通信环境中，为了保证消息来源的可靠性，通常采用的安全防护技术是 ＿＿(8)＿＿。

A．信息隐藏技术　　　　　　　　　B．数据加密技术

C．消息认证技术　　　　　　　　　D．数字水印技术

■ **试题分析**　消息认证就是验证消息的完整性，当接收方收到发送方的报文时，接收方能够验证收到的报文是真实的和未被篡改的。

■ **参考答案** （8）C

● 信息通过网络进行传输的过程中，存在着被篡改的风险，为了解决这一安全隐患通常采用的安全防护技术是 ＿＿(9)＿＿。

A．信息隐藏技术　　　　　　　　　B．数据加密技术

C．消息认证技术　　　　　　　　　D．数据备份技术

■ **试题分析**　消息认证就是验证消息的完整性。

■ **参考答案** （9）C

● 认证是证实某事是否名副其实或者是否有效的一个过程。以下关于认证的叙述中，不正确的是 ＿＿(10)＿＿。

A．认证能够有效阻止主动攻击

B．认证常用的参数有口令、标识符、生物特征等

C．认证不允许第三方参与验证过程

D．身份认证的目的是识别用户的合法性，阻止非法用户访问系统

■ **试题分析**　认证有第三方参与的形式。

■ **参考答案** （10）C

● 身份认证是证实客户的真实身份与其所声称的身份是否相符的验证过程。目前，计算机及网络系统中常用的身份认证技术主要有用户名/密码方式、智能卡认证、动态口令、生物特征认证等。其中能用于身份认证的生物特征必须具有 ＿＿(11)＿＿。

A．唯一性和稳定性　　　　　　　　B．唯一性和保密性

C．保密性和完整性　　　　　　　　D．稳定性和完整性

3 Chapter

■ **试题分析** 与传统身份认证技术相比，生物识别技术具有以下特点：

1) 随身性：生物特征是人体固有的特征，与人体是唯一绑定的，具有随身性。

2) 安全性：人体特征本身就是个人身份的最好证明，满足更高的安全需求。

3) 唯一性：每个人拥有的生物特征各不相同。

4) 稳定性：生物特征如指纹、虹膜等人体特征不会随时间等条件的变化而变化。

5) 广泛性：每个人都具有这种特征。

6) 方便性：生物识别技术不需记忆密码与携带使用特殊工具（如钥匙），不会遗失。

7) 可采集性：选择的生物特征易于测量。

8) 可接受性：使用者对所选择的个人生物特征及其应用愿意接受。

■ **参考答案** （11）A

3.7.2 报文认证

知识点综述

报文认证是保证通信双方能够验证每个报文的发送方、接收方、内容和时间性的真实性和完整性。本节包含报文认证定义、各类报文认证过程的符号表达等知识点。

目前该类知识点属于**零星**考点。

参考题型

● 下列不属于报文认证算法的是__（1）__。

A. MD5   B. SHA-1   C. RC4   D. HMAC

■ **试题分析** RC4 是一种加密算法。

■ **参考答案** （1）C

3.8 密钥管理

3.8.1 对称密钥分配

知识点综述

Kerberos 这一名词来源于希腊神话"三头狗——地狱之门守护者"。Kerberos 协议主要用于计算机网络的身份鉴别（Authentication），鉴别验证对方是合法的，而不是冒充的。同时，Kerberos 协议也是密钥分配中心的核心。Kerberos 进行密钥分配时使用 AES、DES 等对称密钥加密。

本节知识点包含 Kerberos 组成、Kerberos 流程等知识。

目前该类知识点属于**零星**考点。

参考题型

● Kerberos 是一种常用的身份认证协议，它采用的加密算法是__（1）__。

A. ELGamal   B. DES   C. MD5   D. RSA

■ **试题分析**　Kerberos 采用对称密钥加密算法。

■ **参考答案**　（1）B

● 在 Kerberos 系统中，使用一次性密钥和 ___（2）___ 来防止重放攻击。

　　A．时间戳　　　　　　　B．数字签名　　　C．序列号　　　　D．数字证书

■ **试题分析**　重放攻击又称重播攻击、回放攻击或新鲜性攻击（Freshness Attacks），是指攻击者发送一个目的主机已接收过的包，来达到欺骗系统的目的，主要用于身份认证过程，破坏认证的正确性。应付重放攻击的有效手段有时间戳、序列号、一次性密钥。而 Kerberos 系统使用一次性密钥和时间戳来防止重放攻击。

■ **参考答案**　（2）A

● 在 Kerberos 认证系统中，用户首先向 ___（3）___ 申请初始票据，然后从 ___（4）___ 获得会话密钥。

　　（3）A．域名服务器 DNS　　　　　　　B．认证服务器 AS

　　　　　C．票据授予服务器 TGS　　　　　D．认证中心 CA

　　（4）A．域名服务器 DNS　　　　　　　B．认证服务器 AS

　　　　　C．票据授予服务器 TGS　　　　　D．认证中心 CA

■ **试题分析**　Kerberos 流程原理如图 3-4 所示。

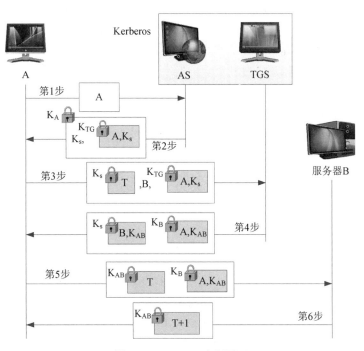

图 3-4　Kerberos 流程原理

第 1 步：用户 A 用明文向 AS 表明身份。AS 就是 KDC。验证通过后，用户 A 才能和 TGS 联系。

第 2 步：AS 向 A 发送用 A 的对称密钥 K_A 加密的报文，该报文包含 A 和 TGS 通信的会话密

钥 K_s 及 AS 发送给 TGS 的票据（该票据使用 TGS 的对称密钥 K_{TG} 加密）。报文到达 A 时，输入正确口令并通过合适的算法生成密钥 K_A，从而得到数据。

注意：票据包含发送人身份和会话密钥。

第 3 步：转发 AS 获得的票据、要访问的服务器 B 的名称，以及用会话密钥 K_s 加密的时间戳（防止重发攻击）发送给 TGS。

第 4 步：TGS 返回两个票据，第一个票据包含服务器 B 的名称和会话密钥 K_{AB}，使用 K_s 加密；第二个票据包含 A 和会话密钥 K_{AB}，使用 K_B 加密。

第 5 步：A 将 TGS 收到的第二个票据（包含 A 名称和会话密钥 K_{AB}，使用 K_B 加密），使用 K_{AB} 加密的时间戳（防止重发攻击）发送给 B。

第 6 步：服务器 B 把时间戳加 1 证实收到票据，时间戳使用密钥 K_{AB} 加密。

最后，A 和 B 就使用 TGS 发出的密钥 K_{AB} 加密。

■ **参考答案**　（3）B　（4）C

3.8.2　非对称公钥分配

知识点综述

公钥密码中公钥的秘密性可以不用保护，但是真实性和完整性需要保护。所以公钥密码也需要考虑严格密钥分配机制。

本节知识包含 PKI、数字证书等知识点。

目前该类知识点属于**重要**考点。

参考题型

● 以下关于公钥基础设施（PKI）的说法中，正确的是　(1)　。

　　A．PKI 可以解决公钥可信性问题　　　　B．PKI 不能解决公钥可信性问题

　　C．PKI 只能由政府来建立　　　　　　　D．PKI 不提供数字证书查询服务

■ **试题分析**　**PKI 是一组规则、过程、人员、设施、软件和硬件的集合**，可以用来进行公钥证书的发放、分发和管理。PKI 用于解决公钥可信性问题。

■ **参考答案**　（1）A

● 下面不属于 PKI 组成部分的是　(2)　。

　　A．证书主体　　　　　　　　　　　　　B．使用证书的应用和系统

　　C．证书权威机构　　　　　　　　　　　D．AS

■ **试题分析**　证书主体、CA、RA、使用证书的应用和系统、证书权威机构等；自治系统 AS 在互联网中是一个有权自主地决定在本系统中应采用何种路由协议的小型单位，其不属于 PKI 的组成部分。

■ **参考答案**　（2）D

● PKI 是一种标准的公钥密码密钥管理平台。在 PKI 中，认证中心（CA）是整个 PKI 体系中各方都承认的一个值得信赖的、公正的第三方机构。CA 的功能不包括　(3)　。

A．证书的颁发　　　　　B．证书的审批　　C．证书的加密　　D．证书的备份

■ **试题分析**　CA 负责电子证书的申请、签发、制作、废止、认证和管理，提供网上客户身份认证、数字签名、电子公证、安全电子邮件等服务业务。CA 的功能在历次考试中多次考查到。

■ **参考答案**　（3）C

● 在 PKI 中，关于 RA 的功能，描述正确的是　(4)　。

A．RA 是整个 PKI 体系中各方都承认的一个值得信赖的、公正的第三方机构

B．RA 负责产生，分配并管理 PKI 结构下的所有用户的数字证书，把用户的公钥和用户的其他信息绑在一起，在网上验证用户的身份

C．RA 负责证书废止列表 CRL 的登记和发布

D．RA 负责证书申请者的信息录入，审核以及证书的发放等任务，同时，对发放的证书完成相应的管理功能

■ **试题分析**　RA 负责证书申请者的信息录入，审核以及证书的发放等任务，同时，对发放的证书完成相应的管理功能。

■ **参考答案**　（4）D

● 甲不但怀疑乙发给他的信遭人篡改，而且怀疑乙的公钥也是被人冒充的，为了消除甲的疑虑，甲和乙决定找一个双方都信任的第三方来签发数字证书，这个第三方为　(5)　。

A．国际电信联盟电信标准分部（ITU-T）　　B．国家安全局（NSA）

C．认证中心（CA）　　　　　　　　　　　D．国家标准化组织（ISO）

■ **试题分析**　如果 A 和 B 都在可信任的第三方发布自己的公开密钥，那么它们都可以用彼此的公开密钥加密进行通信。通常 C 就是认证中心（Certification Authority，CA）。

■ **参考答案**　（5）C

● X.509 数字证书的内容不包括　(6)　。

A．版本号　　　　　　　　　　　　　B．签名算法标识

C．加密算法标识　　　　　　　　　　D．主体的公开密钥信息

■ **试题分析**　在 X.509 标准中，包含在数字证书中的数据域有证书、版本号、序列号（唯一标识每一个 CA 下发的证书）、算法标识、颁发者、有效期、有效起始日期、有效终止日期、使用者、使用者公钥信息、公钥算法、公钥、颁发者唯一标识、使用者唯一标识、扩展、证书签名算法、证书签名（发证机构即 CA 对用户证书的签名）。

■ **参考答案**　（6）C

● 数字证书是一种由一个可信任的权威机构签署的信息集合。PKI 中的 X.509 数字证书的内容不包括　(7)　。

A．版本号　　　　　　　　　　　　　B．签名算法标识

C．证书持有者的公钥信息　　　　　　D．加密算法标识

■ **试题分析**　在 X.509 标准中，包含在数字证书中的数据域有证书、版本号、序列号（唯一标识每一个 CA 下发的证书）、算法标识、颁发者、有效期、有效起始日期、有效终止日期、使用

者、使用者公钥信息、公钥算法、公钥、颁发者唯一标识、使用者唯一标识、扩展、证书签名算法、证书签名（发证机构，即 CA 对用户证书的签名）。

■ **参考答案** （7）D

● PKI 中撤销证书是通过维护一个证书撤销列表 CRL 来实现的。以下不会导致证书被撤销的是 (8) 。

    A．密钥泄露   B．系统升级   C．证书到期   D．从属变更

■ **试题分析** 当用户个人身份信息发生变化或私钥丢失、泄露、疑似泄露时，证书用户应及时地向 CA 提出证书的撤销请求，CA 也应及时地把此证书放入公开发布的证书撤销列表（Certification Revocation List，CRL）。

系统升级不会导致证书被撤销。

■ **参考答案** （8）B

● 用户 B 收到经 A 数字签名后的消息 M，为验证消息的真实性，首先需要从 CA 获取用户 A 的数字证书，该数字证书中包含 (9) ，可以利用 (10) 验证该证书的真伪，然后利用 (11) 验证 M 的真实性。

  （9）A．A 的公钥   B．A 的私钥   C．B 的公钥   D．B 的私钥

 （10）A．CA 的公钥   B．B 的私钥   C．A 的公钥   D．B 的公钥

 （11）A．CA 的公钥   B．B 的私钥   C．A 的公钥   D．B 的公钥

■ **试题分析** 场景：A 声明自己是某银行办事员向客户索要账户和密码，客户验证了 A 的签名，确认索要密码的信息是 A 发过来的，那么客户就愿意告诉 A 用户名和密码吗？

显然不会。因为客户仅仅证明信息确实是 A 发过来的没有经过篡改的信息，但不能确认 A 就是银行职员、做的事情是否合法。这时需要有一个权威中间部门 T（如政府、银监会等），该部门向 A 颁发了一份证书，确认其银行职员身份。这份证书里有这个权威机构 T 的数字签名，以保证这份证书确实是 T 所发。

■ **参考答案** （9）A   （10）A   （11）C

第 **4** 章
计算机网络基础

本章考点知识结构图如图 4-1 所示。

图 4-1 考点知识结构图

4.1　网络体系结构

4.1.1　OSI

知识点综述

随着计算机网络的飞速发展，用户迫切要求能在不同体系结构的网络间交换信息，不同网络能互连起来。**国际标准化组织**（International Standard Organized，ISO）从 1977 年开始研究这个问题，并于 1979 年提出了一个互联的标准框架，即著名的**开放系统互连参考模型**（Open System Interconnection/Reference Model，OSI/RM），简称 OSI 模型。1983 年形成了 OSI/RM 的正式文件，即 **ISO 7498 标准**，即常见的七层协议的体系结构。**网络体系结构也可以定义为计算机网络各层及协议的集合**，这样 OSI 本身就算不上一个网络体系结构，因为没有定义每一层所用到的服务和协议。体系结构是抽象的概念，实现是具体的概念，实际运行的是硬件和软件。

本节知识包含物理层、数据链路层、网络层、传输层、会话层、表示层和应用层等知识点。

目前该类知识点属于**零星**考点。

参考题型

以下对 OSI（开放系统互联）参考模型中数据链路层的功能叙述中，描述最贴切的是　_(1)_　。

A．保证数据正确的顺序、无差错和完整　　　B．控制报文通过网络的路由选择

C．提供用户与网络的接口　　　　　　　　　D．处理信号通过介质的传输

■ **试题分析**　数据链路层将原始的传输线路转变成一条逻辑的传输线路，实现实体间二进制信息块的正确传输，为网络层提供可靠的数据信息。

■ **参考答案**　（1）A

4.1.2　TCP/IP 参考模型

知识点综述

OSI 参考模型虽然完备，但是太过复杂，不实用。而之后的 TCP/IP 参考模型经过一系列的修改和完善得到了广泛的应用。TCP/IP 参考模型包含应用层、传输层、网际层和网络接口层。

目前该类知识点属于**零星**考点。

参考题型

● 在 OSI 参考模型中，数据链路层处理的数据单位是　_(1)_　。

A．比特　　　　　　　　B．帧　　　　　　　C．分组　　　　　D．报文

■ **试题分析**　此题主要考查了 ISO OSI/RM 体系结构中各层传输的数据单元名称。

物理层：比特流（Bit Stream）。

数据链路层：数据帧（Frame）。

网络层：数据分组或数据报（Packet）。

传输层：报文或段（Segment）。

■ **参考答案** （1）B

4.2 物理层

4.2.1 数据通信理论知识

知识点综述

通信就是将信息从源地传送到目的地。**通信研究**就是解决从一个信息的源头到信息的目的地整个过程的技术问题。**信息**是通过通信系统传递的内容，其形式可以是声音、动画、图像、文字等。

通信信道上传输的电信号编码、电磁信号编码、光信息编码，叫做**信号**。信号可以分为模拟信号和数字信号两种。**模拟信号**是在一段连续的时间间隔内，其代表信息的特征量可以在任意瞬间呈现为任意数值的信号；**数字信号**是信息用若干个明确定义的离散值表示的时间离散信号。可以简单地认为，模拟信号值是连续的，而数字信号值是离散的。

传送信号的通路称为**信道**，信道也可以是模拟或数字方式，传输模拟信号的信道叫作**模拟信道**；传输数字信号的信道叫作**数字信道**。

目前该类知识点属于**零星**考点。

参考题型

● ___（1）___是在一段连续的时间间隔内，其代表信息的特征量可以在任意瞬间呈现为任意数值的信号。

　　A．模拟信道　　　　　　B．数字信道　　　C．数字信号　　　D．模拟信号

■ **试题分析** 模拟信号是在一段连续的时间间隔内，其代表信息的特征量可以在任意瞬间呈现为任意数值的信号。

■ **参考答案** （1）D

4.2.2 传输介质

知识点综述

本节包含同轴电缆、屏蔽双绞线、非屏蔽双绞线、光纤、无线、蓝牙等知识点。目前该类知识点属于**零星**考点。

参考题型

● 下面列出的四种快速以太网物理层标准中，使用两对五类无屏蔽双绞线作为传输介质的是___（1）___。

　　A．100BASE-FX　　　　　B．100BASE-T4　　C．100BASE-TX　　D．100BASE-T2

■ **试题分析** 100BASE-T2 支持使用两对五类无屏蔽双绞线作为传输介质。

■ **参考答案** （1）D

● 光纤分为单模光纤和多模光纤，这两种光纤的区别是 __(2)__ 。

　A．单模光纤的数据速率比多模光纤低　　B．多模光纤比单模光纤传输距离更远

　C．单模光纤比多模光纤的价格更便宜　　D．多模光纤比单模光纤的纤芯直径粗

■ **试题分析**　本题考的是两类光纤的特性。单模与多模光纤特性见表 4-1。

表 4-1　单模与多模光纤特性

比较项	单模光纤	多模光纤
光源	激光二极管	LED
光源波长	1310nm 和 1550nm 两种	850nm 和 1300nm 两种
纤芯直径/包层外径	8.3/125μm	50/125μm 和 62.5/125μm
距离	2～10km	2km
速率	100～10Gb/s	1～10Gb/s
光种类	一种模式的光	不同模式的光

■ **参考答案**　（2）D

4.2.3　常见网络设备

知识点综述

常见的网络设备有交换机、路由器、防火墙、VPN 等。

目前该类知识点属于**零星**考点。

参考题型

● __(1)__ 是连接网络中各类局域网和广域网的设备，它会根据信道的情况自动选择和设定路由，以最佳路径按前后顺序发送信号的设备。

　A．VPN　　　　B．防火墙　　　C．交换机　　　D．路由器

■ **试题分析**　路由器（Router）是连接网络中各类局域网和广域网的设备，它会根据信道的情况自动选择和设定路由，以最佳路径按前后顺序发送信号的设备。

■ **参考答案**　（1）D

4.3　数据链路层

4.3.1　点对点协议

知识点综述

本类知识包含 PPP、PPPoE 等知识点。

目前该类知识点属于**零星**考点。

参考题型

● 采用 ADSL 虚拟拨号接入方式中，用户端需要安装　(1)　软件。

  A．PPP   B．PPPoE   C．PPTP   D．L2TP

 ■ **试题分析** 采用 ADSL 虚拟拨号接入方式中，用户端需要安装**PPPoE**软件。

 ■ **参考答案** （1）B

4.3.2　局域网的数据链路层结构

知识点综述

IEEE 802 标准把数据链路层分为两个子层：逻辑链路控制（Logical Link Control，LLC），该层与硬件无关，实现流量控制等功能；媒体接入控制层（Media Access Control，MAC），该层与硬件相关，提供硬件和 LLC 层的接口。

目前该类知识点属于**零星**考点。

参考题型

● IEEE 802.3 规定的最小帧长为 64 字节，这个帧长是指　(1)　。

  A．从前导字段到校验和的长度   B．从目标地址到校验和的长度

  C．从帧起始符到校验和的长度   D．数据字段的长度

 ■ **试题分析** IEEE 802.3 规定的最小帧长为 64 字节，这个帧长是指从目标地址到校验和的长度。帧结构如图 4-2 所示。

图 4-2　以太网帧格式

 ■ **参考答案** （1）B

4.3.3　CSMA/CD

知识点综述

载波监听多路访问/冲突检测（CSMA/CD）是一种争用型的介质访问控制协议。

目前该类知识点属于**零星**考点，极少考到。

参考题型

● CSMA/CD 协议可以利用多种监听算法来减小发送冲突的概率，下面关于各种监听算法的描述

中，正确的是__(1)__。

A．非坚持型监听算法有利于减少网络空闲时间

B．坚持型监听算法有利于减少冲突的概率

C．P坚持型监听算法无法减少网络的空闲时间

D．坚持型监听算法能够及时抢占信道

■ **试题分析**　CSMA/CD协议定义的坚持（监听）算法可以分为以下三类：

1）1-持续CSMA（1-persistent CSMA），当信道忙或发生冲突时，要发送帧的站一直持续监听，一旦发现信道有空闲（即在帧间最小间隔时间内没有检测到信道上有信号），便可发送。特点：有利于抢占信道，减少信道空闲时间；较长的传播延迟和同时监听，会导致多次冲突，降低系统性能。

2）非持续CSMA，发送方并不持续侦听信道，而是在冲突时等待随机的一段时间N，再发送。特点：它有更好的信道利用率，由于随机时延后退，从而减少了冲突的概率；然而，可能出现的问题是因为后退而使信道闲置一段较长时间，这会使信道的利用率降低，而且增加了发送时延。

3）P-持续CSMA（P-persistent CSMA），发送方按P概率发送帧。即信道空闲时（即在帧间最小间隔时间内没有检测到信道上有信号），发送方不一定发送数据，而是按照P概率发送；以1-P概率不发送。若不发送数据，下一时间间隔τ仍空闲，同理进行发送；若信道忙，则等待下一时间间隔τ，若冲突，则等待随机的一段时间，重新开始。τ为单程网络传输时延。

特点：P的取值比较困难，大了会产生冲突，小了会延长等待时间。假定n个发送站等待发送，此时发现网络中有数据传送，当数据传输结束时，则有可能出现n×P个站发送数据。如果n×P>1，则必然出现多个站点发送数据，这也必然导致冲突。有的站传输数据完毕后，产生新帧与等待发送的数据帧竞争，很可能加剧冲突。

如果P太小，例如P=0.01，则表示一个站点100个时间单位才会发送一次数据，这样99个时间单位就空闲了，会造成浪费。

■ **参考答案**　（1）D

4.3.4　IEEE 802系列协议

知识点综述

IEEE 802协议包含了多种子协议。把这些协议汇集在一起就叫IEEE 802协议集。

目前该类知识点属于**零星考点**。

参考题型

● 以下属于万兆以太网物理层标准的是__(1)__。

A．IEEE 802.3u　　B．IEEE 802.3a　　C．IEEE 802.3e　　D．IEEE 802.3ae

■ **试题分析**　**IEEE 802.3ae：** 万兆以太网（10 Gigabit Ethernet）。该标准仅支持光纤传输，提供两种连接。一种是和以太网连接、速率为10Gb/s物理层设备，即LAN PHY；另一种是与SONET/SHD连接、速率为9.58464Gb/s的WAN设备，即WAN PHY。通过WAN PHY可以与

SONETOC-192 结合，通过 SONET 城域网提供端到端连接。该标准支持 10GBASE-S(850nm 短波)、10GBASE-l (1310nm 长波)、10GBASE-E (1550nm 长波) 三种规格，最大传输距离为 300m、10km 和 40km。IEEE 802.3ae 支持 IEEE 802.3 标准中定义的最小和最大帧长。不采用 CSMA/CD 方式，只有全双工方式 (**千兆以太网、万兆以太网最小帧长为 512 字节**)。

■ **参考答案**　(1) D

4.3.5　IEEE 802.3 规定的传输介质特性

知识点综述

传输介质一般使用"10Base-T"形式进行描述，这里"10"是速率，即 10Mb/s；Base 是表示传输速率，Base 是基带，Broad 是宽带；而 T 则代表传输介质，T 是双绞线、F 是光纤。

目前该类知识点属于**零星**考点。

参考题型

● 在局域网标准中，100Base-T 规定从收发器到集线器的距离不超过　(1)　m。

A. 100　　　　　B. 185　　　　　C. 300　　　　　D. 1000

■ **试题分析**　基本概念题，100Base-T 规定从收发器到集线器的距离为 100m。

■ **参考答案**　(1) A

4.4　网络层

4.4.1　IP 协议与 IP 地址

知识点综述

网络之间的互连协议（Internet Protocol，IP）是方便计算机网络系统之间相互通信的协议，是各大厂商遵循的计算机网络相互通信的规则。本节包含 IPv4 地址、IP 地址分类等知识点。

目前该类知识点属于**重要**考点。

参考题型

● 在 IPv4 的数据报格式中，字段　(1)　最适合于携带隐藏信息。

A. 生存时间　　　　　　　　　　B. 源 IP 地址
C. 版本　　　　　　　　　　　　D. 标识

■ **试题分析**　图 4-3 给出了 IP 数据报头（Packet Header）结构。

标识符（Identifier）字段，长度为 16 位。同一数据报分段后的数据，其标识符字段一致，这样便于重装成原来的数据报。这个值是由发送方位置的一个计数器生产的。在某些情况下可以用来携带其他的特殊信息。

■ **参考答案**　(1) D

图 4-3 IP 数据报报头格式

● IP 数据报首部中 IHL（Internet 首部长度）字段的最小值为__（2）__。

  A．5   B．2   C．32   D．128

■ **试题分析** IP 数据报来说，头部长度（Internet Header Length，IHL）为 4 位。该字段表示数的单位是 32 位，即 4 字节。常用的值是 5，也是可取的最小值，表示报头为 20 字节；可取的最大值是 15，表示报头为 60 字节。

■ **参考答案** （2）A

● IPv4 协议头中标识符字段的作用是__（3）__。

  A．指明封装的上层协议   B．表示松散源路由

  C．用于分段和重装配   D．表示提供的服务类型

■ **试题分析** **标识符（Identifier）**字段长度 16 位。同一数据报分段后，标识符一致，这样便于重装成原来的数据报。

■ **参考答案** （3）C

● IP 地址分为全球地址和专用地址，以下属于专用地址的是__（4）__。

  A．172.168.1.2   B．10.1.2.3   C．168.1.2.3   D．192.172.1.2

■ **试题分析** A 类地址中的私有地址和保留地址：

● 10.X.X.X 是私有地址，就是在互联网上不使用，而只用在局域网络中的地址。网络号为 10，网络数为 1 个，地址范围为 10.0.0.0 ~ 10.255.255.255。

● 127.X.X.X 是保留地址，用作环回（Loopback）地址，环回地址（典型的是 127.0.0.1）向自己发送流量。

B 类地址中的私有地址和保留地址：

● 172.16.0.0 ~ 172.31.255.255 是私有地址。

● **169.254.X.X 是保留地址。如果 PC 机上的 IP 地址设置自动获取，而 PC 机又没有找到相**

应的 DHCP 服务，那么最后 PC 机可能得到保留地址中的一个 IP。

C 类地址中的私有地址：192.168.X.X 是私有地址，地址范围：192.168.0.0～192.168.255.255。

■ **参考答案** （4）B

● IP 地址分为全球地址（公有地址）和专用地址（私有地址），在文档 RFC1918 中，不属于专用地址的是___（5）___。

    A．10.0.0.0～10.255.255.255   B．255.0.0.0～255.255.255.255

    C．172.16.0.0～172.31.255.255   D．192.168.0.0～192.168.255.255

■ **试题分析** 选项 A、C、D 三个范围是 RFC1918 规定的专用地址范围。

■ **参考答案** （5）B

● IP 地址 202.117.17.255/22 是___（6）___。

    A．网络地址   B．全局广播地址   C．主机地址   D．定向广播地址

■ **试题分析** 本题是关于 IP 子网计算的问题，最直接的方式就是将 IP 地址直接换算为二进制，即可看出主机部分的情况。202.117.00010001.11111111 可以看出最后的 32-22=10bit 即可。最后 10bit 是 01.11111111，不是全 1 也不是全 0，因此不是广播地址，也不是网络地址，而是一个主机地址。

■ **参考答案** （6）C

● 地址 202.118.37.192/26 是___（7）___，地址 192.117.17.255/22 是___（8）___。

    （7）A．网络地址   B．组播地址   C．主机地址   D．定向广播地址

    （8）A．网络地址   B．组播地址   C．主机地址   D．定向广播地址

■ **试题分析** 202.118.37.192/26 主机位全 0，所以为网络地址。192.117.17.255/22 主机位既不是全 0、也不是全 1，所以是主机地址。

■ **参考答案** （7）A   （8）C

4.4.2 地址规划与子网规划

知识点综述

目前该类知识点属于**零星考点**。

参考题型

● 以下给出的地址中，属于子网 172.112.15.19/28 的主机地址是___（1）___。

    A．172.112.15.17   B．172.112.15.14   C．172.112.15.16   D．172.112.15.31

■ **试题分析** 解答这种类型的 IP 地址的计算问题，通常是计算出该子网对应的 IP 地址范围。本题中由/28 可以知道，主机为 32-28=4bit，也就是每个子网有 2^4 个地址。因此第一个地址段是 172.112.15.0～172.112.15.15，第二个地址段是 172.112.15.16～172.112.15.31，因此与 172.112.15.19 所在的地址段是第二段的只有 A。

■ **参考答案** （1）A

● 一个网络的地址为 172.16.7.128/26，则该网络的广播地址是___(2)___。

    A．172.16.7.255   B．172.16.7.129   C．172.16.7.191   D．172.16.7.252

■ **试题分析** 给定 IP 地址和掩码，求广播地址。

■ **参考答案** （2）C

4.4.3　ICMP

知识点综述

Internet 控制报文协议（Internet Control Message Protocol，ICMP）是 TCP/IP 协议簇的一个子协议，是网络层协议，用于 IP 主机和路由器之间传递控制消息。控制消息是指网络通不通、主机是否可达、路由是否可用等网络本身的消息。这些控制消息虽然并不传输用户数据，但是对用户数据的传递起着重要的作用。

目前该类知识点属于**零星**考点。

参考题型

● 以下关于 ICMP 协议的说法中，正确的是___(1)___。

    A．由 MAC 地址求对应的 IP 地址

    B．在公网 IP 地址与私网 IP 地址之间进行转换

    C．向源主机发送传输错误警告

    D．向主机分配动态 IP 地址

■ **试题分析** Internet 控制报文协议是 TCP/IP 协议簇的一个子协议，是网络层协议，用于在 IP 主机、路由器之间传递控制消息。控制消息是指网络通不通、主机是否可达、路由是否可用等网络本身的消息。这些控制消息虽然并不传输用户数据，但是对于用户数据的传递起着重要的作用。

ICMP 报文分为 **ICMP 差错报告报文**和 **ICMP 询问报文**。具体见表 4-2。

表 4-2 常考的 ICMP 报文

报文种类	类型值	报文类型	报文定义	报文内容
差错报告报文	3	目的不可达	路由器与主机不能交付数据时，就向源点发送目的不可达报文	包括网络不可达、主机不可达、协议不可达、端口不可达、需要进行分片但是设置了不分片、源路由失败、目的网络未知、目的主机未知、目的网络被禁止、目的主机被禁止、由于服务类型 TOS 网络不可达、由于服务类型 TOS 主机不可达、主机越权、优先权中止生效
	4	源点抑制	由于拥塞而丢弃数据报时，就向源点发送抑制报文，降低发送速率	
	5	重定向（改变路由）	路由器将重定向报文发送给主机，优化或改变主机路由	包括网络重定向、主机重定向、对服务类型和网络重定向、对服务类型和主机重定向
	11	时间超时	丢弃 TTL 为 0 的数据，向源点发送时间超时报文	
	12	参数问题	发现数据报首部有不正确字段时，丢弃报文，并向源点发送参数问题报文	
询问报文	0	回送应答	收到**回送请求报文**的主机必须回应源主机**回送应答报文**	
	8	回送请求		
	13	时间戳请求	请求对方回答当前日期、时间	
	14	时间戳应答	回答当前日期、时间	

由此可知，正确答案是 C。

■ **参考答案**　（1）C

4.4.4　ARP 和 RARP

知识点综述

地址解析协议（Address Resolution Protocol，ARP）是将 32 位的 IP 地址解析成 48 位的以太网地址；而反向地址解析（Reverse Address Resolution Protocol，RARP）则是将 48 位的以太网地址解析成 32 位的 IP 地址。ARP 报文**封装在以太网帧**中进行发送。

目前该类知识点属于**零星**考点。

参考题型

● ARP 协议数据单元封装在是 ___(1)___ 中传送。

    A．IP 分组   B．以太帧   C．TCP 段   D．ICMP 报文

  ■ **试题分析** ARP 是网络层中比较低层次的协议，直接使用以太帧封装。

  ■ **参考答案** （1）B

● 以下关于 RARP 协议的说法中，正确的是 ___(2)___。

    A．RARP 协议根据主机 IP 地址查询对应的 MAC 地址

    B．RARP 协议用于对 IP 协议进行差错控制

    C．RARP 协议根据 MAC 地址求主机对应的 IP 地址

    D．RARP 协议根据交换的路由信息动态改变路由表

  ■ **试题分析** 反向地址解析（Reverse Address Resolution Protocol，RARP）是将 48 位的以太网地址解析成为 32 位的 IP 地址。

  ■ **参考答案** （2）C

● ARP 协议的作用是 ___(3)___。ARP 请求是采用 ___(4)___ 方式发送的。

    （3）A．由 MAC 地址求 IP 地址   B．由 IP 地址求 MAC 地址

        C．由 IP 地址查域名   D．由域名查 IP 地址

    （4）A．单播   B．组播   C．广播   D．点播

  ■ **试题分析** ARP 协议是在网络层的协议，主要用于解析 IP 地址对应的 MAC 地址。数据封装在以太帧里面，因为要对所有的机器发出请求，因此其目的地址是广播地址，所以是以广播形式发送。

  ■ **参考答案** （3）B   （4）C

4.4.5 IPv6

知识点综述

    IPv6（Internet Protocol Version 6）是 IETF 设计的用于替代现行 IPv4 的下一代 IP 协议。IPv6 地址长度为 128 位，但通常写作 8 组，每组为 4 个十六进制数的形式，如 2002:0db8:85a3:08d3:1319:8a2e:0370:7345 是一个合法的 IPv6 地址。

    目前该类知识点属于**零星**考点。

参考题型

● 下面关于 IPv6 的描述中，最准确的是 ___(1)___。

    A．IPv6 可以允许全局地址重复使用   B．IPv6 解决了全局 IP 地址不足的问题

    C．IPv6 的出现使得卫星联网得以实现   D．IPv6 的设计目标之一是支持光纤通信

  ■ **试题分析** IPv6（Internet Protocol Version 6）是 IETF 设计的用于替代现行 IPv4 的下一代 IP 协议。IPv6 地址为 128 位长，但通常写作 8 组，每组为 4 个十六进制数的形式。设计的主要目的就是要解决 IPv4 地址不足的问题。

  ■ **参考答案** （1）B

4.4.6　NAT、NAPT

知识点综述

网络地址转换（Network Address Translation，NAT）将数据报文中的 IP 地址替换成另一个 IP 地址，一般是私有地址转换为公有地址来实现访问公网的目的。这种方式只需要占用较少的公网 IP 地址，有助于减少 IP 地址空间的枯竭。传统 NAT 包括基本 NAT 和 NAPT 两大类。

目前该类知识点属于**零星**考点。

参考题型

● 以下关于 NAT 的说法中，错误的是　(1)　。

A．NAT 允许一个机构专用 Intranet 中的主机透明地连接到公共区域的主机，无需每台内部主机都用有注册的（已经越来越缺乏的）全局互联网地址

B．静态 NAT 是设置起来最简单和最容易实现的一种地址转化方式，内部网络中的每个主机都被永久映射成外部网络中的某个合法地址

C．动态 NAT 主要应用于拨号和频繁的远程连接，当远程用户连接上之后，动态 NAT 就会分配给用户一个 IP 地址，当用户断开时，这个 IP 地址就会被释放而留待以后使用

D．动态 NAT 又叫网络地址端口转换 NAPT

■ **试题分析**　动态 NAT 主要应用于拨号和频繁的远程连接，当远程用户连接上后，动态 NAT 就会给用户分配一个 IP 地址；当用户断开时，这个 IP 地址就会被释放而留待以后使用。

网络地址端口转换（Network Address Port Translation，NAPT）是 NAT 的一种变形，它允许多个内部地址映射到同一个公有地址上，也可称之为**多对一地址转换**或地址复用。NAPT 同时映射 IP 地址和端口号，来自不同内部地址的数据报的源地址可以映射到同一个外部地址，但它们的端口号被转换为该地址的不同端口号，因而仍然能够共享同一个地址，即 NAPT 出口数据报中的内网 IP 地址被 NAT 的公网 IP 地址代替，出口分组的端口被一个高端端口代替。

■ **参考答案**　(1) D

● 有一种 NAT 技术叫作"地址伪装"（Masquerading），下面关于地址伪装的描述中正确的是　(2)　。

A．把多个内部地址翻译成一个外部地址和多端口号

B．把多个外部地址翻译成一个内部地址和一个端口号

C．把一个内部地址翻译成多个外部地址和多端口号

D．把一个外部地址翻译成多个内部地址和一个端口号

■ **试题分析**　Masquerading 伪装地址方式是通过改写数据包的源 IP 地址为自身接口的 IP 地址，可以指定 port 对应的范围。这个功能与 SNAT 不同的是，当进行 IP 伪装时，不需要指定伪装成哪个 IP 地址，这个 IP 地址会自动从网卡读取，尤其是当使用 DHCP 方式获得地址时，Masquerading 特别有用。

■ **参考答案**　(2) A

4.5 传输层

4.5.1 TCP

知识点综述

传输控制协议（Transmission Control Protocol，TCP）是一种可靠的、面向连接的字节流服务。源主机在传送数据前需要先和目标主机建立连接。然后在此连接上，被编号的数据段按序收发。同时要求对每个数据段进行确认，这样保证了可靠性。如果在指定的时间内没有收到目标主机对所发数据段的确认，源主机将再次发送该数据段。

目前该类知识点属于**重要**考点。

参考题型

● 以下关于 TCP 协议的描述，错误的是 __(1)__ 。

    A．TCP 是 Internet 传输层的协议，可以为应用层的不同协议提供服务

    B．TCP 是面向连接的协议，提供可靠、全双工的、面向字节流的端到端的服务

    C．TCP 使用二次握手来建立连接，具有很好的可靠性

    D．TCP 每发送一个报文段，就对这个报文段设置一次计算器

  ■ **试题分析** TCP 会话通过**三次握手**来建立连接。

  ■ **参考答案** （1）C

● TCP 使用三次握手协议建立连接，以防止 __(2)__ ；当请求方发出 SYN 连接请求后，等待对方回答 __(3)__ 以建立正确的连接；当出现错误连接时，响应 __(4)__ 。

    （2）A．出现半连接   B．无法连接   C．产生错误的连接   D．连接失效

    （3）A．SYN，ACK   B．FIN，ACK   C．PSH，ACK   D．RST，ACK

    （4）A．SYN，ACK   B．FIN，ACK   C．PSH，ACK   D．RST，ACK

  ■ **试题分析** 半连接这个说法不确切，所以不选。错误连接是一个比较泛的概念。当出现错误时，发出 RST 要求对端重新建立连接，而不是发出 FIN 终止连接。

  ■ **参考答案** （2）C   （3）A   （4）D

● 当一个 TCP 连接处于 __(5)__ 状态时等待应用程序关闭端口。

    A．CLOSED   B．ESTABLISHED

    C．CLOSE-WAIT   D．LAST-ACK

  ■ **试题分析** TCP 会话通过三次握手来建立连接。三次握手的目标是使数据段的发送和接收同步。同时也向其他主机表明其一次可接收的数据量（窗口大小），并建立逻辑连接。这三次握手的过程可以简述如下：

    ● 双方通信之前均处于 **CLOSED** 状态。

第一次握手

源主机发送一个同步标志位 SYN=1 的 TCP 数据段。此段中同时标明初始序号（Initial Sequence Number，ISN）。ISN 是一个随时间变化的随机值，即 **SYN=1，SEQ=x**。源主机进入 **SYN-SENT** 状态。

第二次握手

目标主机接收到 SYN 包后，发回确认数据报文。该数据报文 ACK=1，同时确认序号字段，表明目标主机期待收到源主机下一个数据段的序号，即 ACK=x+1（表明前一个数据段已收到并且没有错误）。

此外，此段中设置 SYN=1，并包含目标主机的段初始序号 y，即 ACK=1，确认序号 ACK=x+1，SYN=1，自身序号 SEQ=y。此时目标主机进入 SYN-RCVD 状态，源主机进入 ESTABLISHED 状态。

第三次握手

源主机再回送一个确认数据段，同样带有递增的发送序号和确认序号（**ACK=1，确认序号 ACK=y+1，自身序号 SEQ**，TCP 会话的三次握手完成。接下来，源主机和目标主机可以互相收发数据。三次握手的过程如图 4-4 所示。

图 4-4　TCP 三次握手过程

● TCP 释放连接

TCP 释放连接分为四步，具体过程如下：

双方通信之前均处于 **ESTABLISHED** 状态。

第一步

源主机发送一个释放报文（FIN=1，自身序号 SEQ =x），源主机进入 FIN-WAIT 状态。

第二步

目标主机接收报文后，发出确认报文（**ACK=1，确认序号为 ACK=x+1，序号 SEQ =y**），目标

主机进入 **CLOSE-WAIT** 状态。这个时候，源主机停止发送数据，但是目标主机仍然可以发送数据，此时 TCP 连接为半关闭状态（**HALF-CLOSE**）。

源主机接收到 ACK 报文后，等待目标主机发出 FIN 报文，这可能会持续一段时间。

第三步

目标主机确定没有数据，向源主机发送后，发出释放报文（FIN=1，ACK=1，确认序号 ACK =x+1，序号 SEQ =z）。目标主机进入 LAST-ACK 状态。

注意：这里由于处于半关闭状态（HALF-CLOSE），目标主机还会发送一些数据，其序号不一定为 y+1，因此设为 z。而且，目标主机必须重复发送一次确认序号 ACK=x+1。

第四步

源主机接收到释放报文后，对此发送确认报文（**ACK=1，确认序号 ACK=z+1，自身序号 SEQ=x+1**），在等待一段时间确定确认报文到达后，源主机进入 **CLOSED** 状态。

目标主机在接收到确认报文后，也进入 **CLOSED** 状态。

具体释放步骤如图 4-5 所示。

图 4-5　释放连接

■ **参考答案**　（5）C

4.5.2　UDP

知识点综述

用户数据报协议（User Datagram Protocol，UDP）是一种不可靠的、无连接的数据报服务。源主机在传送数据前不需要和目标主机建立连接。数据附加了源端口号和目标端口号等 UDP 报头字段后直接发往目的主机。这时，每个数据段的可靠性依靠上层协议来保证。在传送数据较少且较小的情况下，UDP 比 TCP 更加高效。UDP 数据传输方式消耗资源小，处理速度快，合适音频、视频等数据的传输。

目前该类知识点属于**一般**考点。

参考题型

● 互联网上通信双方不仅需要知道对方的地址，也需要知道通信程序的端口号。以下关于端口的描述中，不正确的是　(1)　。

　A．端口可以泄露网络信息　　　　　　　B．端口不能复用

　C．端口是标识服务的地址　　　　　　　D．端口是网络套接字的重要组成部分

　■ **试题分析**　端口可以复用。

　■ **参考答案**　(1) B

● UDP 协议在 IP 层之上提供了　(2)　能力。

　A．连接管理　　　　　　　　　　　　　B．差错校验和重传

　C．流量控制　　　　　　　　　　　　　D．端口寻址

　■ **试题分析**　UDP 协议在 IP 层之上提供了端口寻址能力。由于用户数据报协议是一种不可靠的、无连接的数据报服务，所以 UDP 不具备连接管理、差错校验和重传、流量控制等功能。

　■ **参考答案**　(2) D

4.6　应用层

4.6.1　DNS

知识点综述

域名系统（Domain Name System，DNS）是把主机域名解析为 IP 地址的系统，解决了 IP 地址难记的问题。该系统是由解析器和域名服务器组成的。**DNS 主要基于 UDP 协议，较少情况下使用 TCP 协议，端口号均为 53**。域名系统由 DNS 名字空间、域名服务器、DNS 客户机三部分构成。

目前该类知识点属于**一般**考点。

参考题型

● DNS 反向查询功能的作用是　(1)　，资源记录 MX 的作用是　(2)　，DNS 资源记录　(3)　定义了区域的反向搜索。

　(1) A．定义域名服务器的别名　　　　　　B．将 IP 地址解析为域名

　　　C．定义域邮件服务器地址和优先级　　D．定义区域的授权服务器

　(2) A．定义域名服务器的别名　　　　　　B．将 IP 地址解析为域名

　　　C．定义域邮件服务器地址和优先级　　D．定义区域的授权服务器

　(3) A．SOA　　　　　　B．NS　　　　　　C．PTR　　　　　　D．MX

■ 试题分析

资源记录名称	作用	举例 （Windows 系统下的 DNS 数据库）
A	将 DNS 域名映射到 IPv4 的 32 位地址中	host1.itct.com.cn. IN A 202.0.0.10
AAAA	将 DNS 域名映射到 IPv4 的 128 位地址中	ipv6_ host2.itct.com.cn. IN AAAA 2002:0:1:2:3:4:567:89ab
CNAME	规范名资源记录，允许多个名称对应同一主机	aliasname.itct.com.cn. CNAME truename.itct.com.cn
MX	邮件交换器资源记录，其后的数字首选参数值（0～65535）指明与其他邮件交换服务器有关的邮件交换服务器的优先级。较低的数值被授予较高的优先级	example.itct.com.cn. MX 10 mailserver1.itct.com.cn
NS	域名服务器记录，指明该域名由哪台服务器来解析	example.itct.com.cn. IN NS nameserver1.itct.com.cn
PTR	指针，用于将一个 IP 地址映为一个主机名	202.0.0.10.in-addr.arpa. PTR host.itct.com.cn

■ 参考答案 （1）B （2）C （3）C

● 在 Windows 的 DOS 窗口中键入命令

C:\nslookup

>set type=ptr

>211.151.91.165

这个命令序列的作用是 （4） 。

A. 查询 211.151.91.165 的邮件服务器信息

B. 查询 211.151.91.165 到域名的映射

C. 查询 211.151.91.165 的资源记录类型

D. 显示 211.151.91.165 中各种可用的信息资源记录

■ 试题分析 PTR 记录的概念，就是查询 IP 地址到域名的映射。

■ 参考答案 （4）B

4.6.2 DHCP

知识点综述

BOOTP 是最早的主机配置协议。动态主机配置协议（Dynamic Host Configuration Protocol，DHCP）则是在其基础之上进行了改良的协议，是一种用于简化主机 IP 配置管理的 IP 管理标准。通过采用 DHCP 协议，DHCP 服务器为 DHCP 客户端进行动态 IP 地址分配。同时 DHCP 客户端在配置时不必指明 DHCP 服务器的 IP 地址就能获得 DHCP 服务。

目前该类知识点属于**零星**考点。

参考题型

● 以下关于 DHCP 协议的描述中，错误的是　__(1)__　。

　A．DHCP 客户机可以从外网段获取 IP 地址

　B．DHCP 客户机只能收到一个 DHCPOFFER

　C．DHCP 不会同时租借相同的 IP 地址给两台主机

　D．DHCP 分配的 IP 地址默认租约期为 8 天

■ **试题分析**　DHCP 通过中继代理方式可以获取外网 IP 地址，DHCP 不会同时租借相同的 IP 地址给两台主机，DHCP 分配的 IP 地址默认租约期为 8 天。

客户机可能从不止一台 DHCP 服务器收到 DHCPOFFER 信息。客户机选择最先到达的 DHCPOFFER，并发送 DHCPREQUEST 消息包。

■ **参考答案**　（1）B

4.6.3　WWW、HTTP

知识点综述

万维网（World Wide Web，WWW）是一个规模巨大、可以互联的资料空间。该资料空间的资源依靠 URL 进行定位，通过 HTTP 协议传送给使用者，由 HTML 进行文档展现。由定义可以知道，WWW 的核心由 URL、HTTP、HTML 三个主要标准构成。

HTTP 是互联网上应用最为广泛的一种网络协议，该协议由万维网协会（World Wide Web Consortium，W3C）和 Internet 工作小组（Internet Engineering Task Force，IETF）共同提出。该协议使用 TCP 的 80 号端口提供服务。

目前该类知识点属于**零星**考点。

参考题型

● HTTP 协议中，用于读取一个网页的操作方法为　__(1)__　。

　A．READ　　　　　　　B．GET　　　　　C．HEAD　　　　　D．POST

■ **试题分析**　HTTP 协议中的基本操作有以下几种：

1）GET：读网页。

2）HEAD：读网页头。

3）POST：推送网页信息。

■ **参考答案**　（1）B

4.6.4　E-mail

知识点综述

电子邮件（Electronic mail，E-mail）又称电子信箱，是一种用网络提供信息交换的通信方式。邮件形式可以是文字、图像、声音等。

该类知识包含常见的电子邮件协议、邮件安全、PGP 等知识。

目前该类知识点属于**一般**考点。

参考题型

● 电子邮件是传播恶意代码的重要途径，为了防止电子邮件中的恶意代码的攻击，用 (1) 方式阅读电子邮件。

A. 网页   B. 纯文本   C. 程序   D. 会话

■ **试题分析** 会话方式：不再需要为了零散查找之前的邮件，没有阅读的连贯性而烦恼，新增设的功能实现同一联系人的往来邮件自动聚合成一个会话，像聊天一样清晰，非常方便查看邮件资料，"邮件会话"可以将同一个主题产生的多封往来邮件，简化为一封简单明了的会话邮件，页面显示是我们比较熟悉的"聊天会话"阅读方式。而且旁边还有数字标识了往来邮件数。

纯文本打开电子邮件最为安全。

■ **参考答案** （1）B

● 电子邮件系统的邮件协议有发送协议 SMTP 和接收协议 POP3/IMAP4。SMTP 发送协议中，发送身份标识的指令是 (2) 。

A. SEND   B. HELP   C. HELO   D. SAML

■ **试题分析** SMTP 命令列表：

HELO：客户端为标识自己的身份而发送的命令（通常带域名）。

EHLO：使服务器可以表明自己支持扩展简单邮件传输协议（ESMTP）命令。

MAIL FROM：标识邮件的发件人，以 MAIL FROM: 的形式使用。

RCPT TO：标识邮件的收件人，以 RCPT TO: 的形式使用。

TURN：允许客户端和服务器交换角色，并在相反的方向发送邮件，而不必建立新的连接。

ATRN：ATRN（Authenticated TURN）命令可以选择将一个或多个域作为参数。如果该会话已通过身份验证，则 ATRN 命令一定会被拒绝。

■ **参考答案** （2）C

4.6.5 FTP

知识点综述

文件传输协议（File Transfer Protocol，FTP）简称"文传协议"，用于在 Internet 上控制文件的双向传输。FTP 客户上传文件时，通过服务器 20 号端口建立的连接是建立在 TCP 之上的数据连接，通过服务器 21 号端口建立的连接是建立在 TCP 之上的控制连接。

目前该类知识点属于**零星**考点。

参考题型

● FTP 客户上传文件时，通过服务器 20 号端口建立的连接是 (1) ，FTP 客户端应用进程的端口可以为 (2) 。

（1）A. 建立在 TCP 之上的控制连接   B. 建立在 TCP 之上的数据连接

C. 建立在 UDP 之上的控制连接   D. 建立在 UDP 之上的数据连接

（2）A．20　　　　　　B．21　　　　　　C．80　　　　　　D．4155

■ **试题分析**　FTP 客户上传文件时，通过服务器 **20 号端口**建立的连接是建立在 TCP 之上的**数据连接**，通过服务器 **21 号端口**建立的连接是建立在 TCP 之上的**控制连接**。

客户端命令端口为 N，数据传输端口为 N+1（N≥1024）。

■ **参考答案**　（1）B　（2）D

4.6.6　SNMP

知识点综述

网络管理是对网络进行有效而安全的监控、检查。网络管理的任务就是检测和控制。该类知识包含 OSI 定义的网络管理、CMIS/CMIP、网络管理系统组成、SNMP 等知识点。

目前该类知识点属于**零星**考点。

参考题型

● 在 SNMPv3 中，把管理站（Manager）和代理（Agent）统一叫作　(1)　。

　　A．SNMP 实体　　　　　　　　　　B．SNMP 引擎

　　C．命令响应器　　　　　　　　　　D．命令生成器

■ **试题分析**　在 SNMPv3 中，把管理站（Manager）和代理（Agent）统一叫作 SNMP 实体。

■ **参考答案**　（1）A

● SNMP 采用 UDP 提供的数据报服务传递信息，这是由于　(2)　。

　　A．UDP 比 TCP 更加可靠

　　B．UDP 数据报文可以比 TCP 数据报文大

　　C．UDP 是面向连接的传输方式

　　D．UDP 实现网络管理的效率较高

■ **试题分析**　SNMP 采用 UDP 提供的数据报服务传递信息，这是由于 UDP 传输数据效率高。

■ **参考答案**　（2）D

● 在 SNMP 中，当代理收到一个 get 请求时，如果有一个值不可用或不能提供，则返回　(3)　。

　　A．该实例的下一个值　　　　　　　B．该实例的上一个值

　　C．空值　　　　　　　　　　　　　D．错误信息

■ **试题分析**　SNMP 协议中，若 get 请求无法得到值或者不能提供时，代理会将实例的下一个值提供给管理进程。

■ **参考答案**　（3）A

4.6.7　其他应用协议

知识点综述

该类知识包含 Telnet、代理服务器、SSH、VoIP 等知识点。

目前该类知识点属于**零星**考点。

参考题型

● Telnet 采用客户端/服务器工作方式,采用 ___(1)___ 格式实现客户端和服务器的数据传输。

A. NTL   B. NVT   C. BASE-64   D. RFC 822

■ **试题分析** TCP/IP 终端仿真协议(TCP/IP Terminal Emulation Protocol,Telnet)是一种基于 TCP 的虚拟终端通信协议,端口号为 23。Telnet 采用客户端/服务器工作方式,采用网络虚拟终端 (Net Virtual Terminal,NVT)实现客户端和服务器的数据传输,可以实现远程登录、远程管理交换机、路由器。NVT 代码包含了标准 ASCII 字符集和 Telnet 命令集,是本地终端和远程主机之间的网络接口。

■ **参考答案** (1)B

4.7 路由协议

4.7.1 RIP

知识点综述

路由信息协议(Routing Information Protocol,RIP)是最早使用的**距离矢量路由**协议。距离矢量名称的由来是:路由是以矢量(距离、方向)的方式被通告出去的,这里的距离是根据度量来决定的。距离矢量路由算法是动态路由算法。它的工作流程是:每个路由器维护一张矢量表,表中列出了当前已知的到每个目标的最佳距离及所使用的线路。通过在邻居之间相互交换信息,路由器不断更新它们内部的表。

目前该类知识点属于**一般**考点。

参考题型

● 为了解决伴随 RIP 协议的路由环路问题,可以采用水平分割法,这种方法的核心是 ___(1)___, 而反向毒化方法则是 ___(2)___。

(1)A. 把网络水平分割为多个网段,网段之间通过指定路由器发布路由信息

B. 一条路由信息不要发送给该信息的来源

C. 把从邻居学习到的路由费用设置为无限大并立即发送给那个邻居

D. 出现路由变化时立即向邻居发送路由更新报文

(2)A. 把网络水平分割为多个网段,网段之间通过指定路由器发布路由信息

B. 一条路由信息不要发送给该信息的来源

C. 把从邻居学习到的路由费用设置为无限大并立即发送给那个邻居

D. 出现路由变化时立即向邻居发送路由更新报文

■ **试题分析** 距离矢量协议容易形成路由循环、传递好消息快、传递坏消息慢等问题。解决这些问题可以采取以下几个措施:

1)水平分割(Split Horizon)。路由器某一个接口学习到的路由信息,不再反方向传回。

2）路由中毒（Router Poisoning）。路由中毒又称为反向抑制的水平分割，不马上将不可达网络从路由表中删除该路由信息，而是将路由信息度量值置为无穷大（RIP 中设置跳数为 16），该中毒路由被发给邻居路由器以通知这条路径失效。

3）反向中毒（Poison Reverse）。路由器从一个接口学习到一个度量值为无穷大的路由信息，则应该向同一个接口返回一条路由不可达的信息。

4）抑制定时器（Holddown Timer）。一条路由信息失效后，一段时间内都不接收其目的地址的路由更新。路由器可以避免收到同一路由信息失效和有效的矛盾信息。通过抑制定时器可以有效避免链路频繁起停，增加了网络有效性。

5）触发更新（Trigger Update）。路由更新信息每 30 秒发送一次，当路由表发生变化时，则应立即更新报文并广播到邻居路由器。

■ **参考答案**　（1）B　（2）C

● RIP 协议默认的路由更新周期是＿＿(3)＿＿秒。

　　A．30　　　　　　　　　B．60　　　　　　　　C．90　　　　　　　　D．100

■ **试题分析**　RIP 协议默认的路由更新周期是 30 秒。

■ **参考答案**　（3）A

4.7.2　OSPF

知识点综述

开放式最短路径优先（Open Shortest Path First，OSPF）是一个**内部网关协议**（Interior Gateway Protocol，IGP），用于在**单一自治系统**（Autonomous System，AS）内决策路由。OSPF 适合小型、中型、较大规模的网络。OSPF 采用 Dijkstra 的**最短路径优先算法**（Shortest Path Firs，SPF）计算最小生成树，确定最短路径。OSPF 基于 IP，协议号为 89，采用组播方式交换 OSPF 包。OSPF 的组播地址为 224.0.0.5（全部 OSPF 路由器）和 224.0.0.6（指定路由器）。OSPF 使用链路状态广播（Link State Advertisement，LSA）传送给某区域内的所有路由器。

目前该类知识点属于**一般**考点。

参考题型

● OSPF 协议把网络划分成四种区域（Area），其中＿＿(1)＿＿不接受本地自治系统以外的路由信息，对自治系统以外的目标采用默认路由 0.0.0.0。

　　A．分支区域　　　　　　　B．标准区域　　　　C．主干区域　　　　D．存根区域

■ **试题分析**　如果将区域看成一个节点，则 OSPF 是以主干区域（area0）为顶点，其他区域为终端的星型拓扑结构。

标准区域可以接受链路更新信息和路由总结。

存根区域是不接受自治系统以外的路由信息的区域。如果需要自治系统以外的路由，它使用默认路由 0.0.0.0。

■ **参考答案**　（1）D

Chapter 4

- 下列关于 OSPF 协议的说法中，错误的是 __(2)__ 。

  A．OSPF 的每个区域（Area）运行路由选择算法的一个实例

  B．OSPF 采用 Dijkstra 算法计算最佳路由

  C．OSPF 路由器向各个活动端口组播 Hello 分组来发现邻居路由器

  D．OSPF 协议默认的路由更新周期为 30 秒

  ■ 试题分析　OSPF 没有固定的路由更新周期，这个 30 秒是 rip 的更新周期。

  ■ 参考答案　（2）D

- 以下关于 OSPF 协议的叙述中，正确的是 __(3)__ 。

  A．OSPF 是一种路径矢量协议

  B．OSPF 使用链路状态公告（LSA）扩散路由信息

  C．OSPF 网络中用区域 1 来表示主干网段

  D．OSPF 路由器向邻居发送路由更新信息

  ■ 试题分析　OSPF 使用链路状态广播（Link State Advertisement，LSA）传送给某区域内的所有路由器。

  ■ 参考答案　（3）B

- 在 OSPF 协议中，链路状态算法用于 __(4)__ 。

  A．生成链路状态数据库　　　　　　　B．计算路由表

  C．产生链路状态公告　　　　　　　　D．计算发送路由信息的组播树

  ■ 试题分析　开放式最短路径优先（Open Shortest Path First，OSPF）是一个内部网关协议（Interior Gateway Protocol，IGP），用于在单一自治系统（Autonomous System，AS）内决策路由。各个 OSPF 路由器维护一张全网的链路状态数据库，采用 Dijkstra 的最短路径优先算法（Shortest Path First，SPF）计算生成路由表。

  ■ 参考答案　（4）B

4.7.3　BGP

知识点综述

BGP 是边界网关协议，目前版本为 BGP4，是一种增强的距离矢量路由协议。该协议运行在不同 AS 的路由器之间，用于选择 AS 之间花费最小的协议。BGP 协议基于 TCP 协议，端口为 179。BGP4+支持 IPv6。

目前该类知识点属于**零星**考点。

参考题型

- 外部网关协议 BGP 是不同自治系统的路由器之间交换路由信息的协议，BGP4 使用打开报文、更新报文、保活报文和通知报文四种报文。其中用来确认打开报文和周期性地证实邻站关系的是 __(1)__ 。

  A．打开报文　　　　B．更新报文　　　　C．保活报文　　　　D．通知报文

■ **试题分析** BGP 常见四种报文：OPEN 报文、KEEPALIVE 报文、UPDATE 报文和 NOTIFICATION 报文。

1）OPEN 报文：建立邻居关系。

2）KEEPALIVE 报文：保持活动状态，周期性确认邻居关系，对 OPEN 报文回应。

3）UPDATE 报文：发送新的路由信息。

4）NOTIFICATION 报文：报告检测到的错误。

■ **参考答案** （1）C

● 在 BGP4 协议中，路由器通过发送 ___(2)___ 报文将正常工作信息告知邻居。当出现路由信息的新增或删除时，采用 ___(3)___ 报文告知对方。

　　（2）A．HELLO　　　　B．UPDATE　　　C．KEEPALIVE　　D．NOTIFICATION
　　（3）A．HELLO　　　　B．UPDATE　　　C．KEEPALIVE　　D．NOTIFICATION

■ **试题分析** 在 BGP4 协议中，路由器通过发送 KEEPALIVE 报文将正常工作信息告知邻居。当出现路由信息的新增或删除时，采用 UPDATE 报文告知对方。

■ **参考答案** （2）C　（3）B

4.7.4　IGMP

知识点综述

Internet 组管理协议（Internet Group Management Protocol，IGMP）是一个组播协议。该协议运行在主机和组播路由器之间。

目前该类知识点属于**零星**考点。

参考题型

● Internet 组管理协议（Internet Group Management Protocol，IGMP）是一个 ___(1)___ 协议。

　　A．单播　　　　　　B．广播　　　　　C．组播　　　　　D．点对点

■ **试题分析** IGMP 是一个组播协议。

■ **参考答案** （1）C

第5章
网络安全

网络安全是信息安全的核心。由于网络的结构和通信协议都有各类漏洞，因此出现了各种安全事故。由于网络技术的普及和互联网技术的发展，网络安全问题日益突出，系统受到病毒感染和破坏、黑客威胁相当严重。

我国虽然是信息化大国，但目前由于缺乏自主的网络核心技术、安全意识淡薄、人才匮乏、安全管理措施不到位、安全管理措施缺失等因素，制约了我国网络安全防御能力的提高。

本章考点知识结构图如图 5-1 所示。

图 5-1　考点知识结构图

5.1　常见网络安全威胁

5.1.1　APT

知识点综述

高级持续性威胁（Advanced Persistent Threat，APT）利用先进的攻击手段和社会工程学方法，对特定目标进行长期持续性网络渗透和攻击。APT 攻击大体上可以分为攻击前的准备阶段、攻击阶段、持续攻击阶段三个阶段。APT 又细分为五步，具体为情报收集、防线突破、通道建立、横向渗透、信息收集及外传。

目前该类知识点属于**零星**考点。

参考题型

● APT 攻击是一种以商业或者政治目的为前提的特定攻击，其中攻击者采用口令窃听、漏洞攻击等方式尝试进一步入侵组织内部的个人计算机和服务器，不断提升自己的权限，直至获得核心计算机和服务器控制权的过程被称为　（1）　。

　A．情报收集　　　　　　　B．防线突破　　　C．横向渗透　　　D．通道建立

■ **试题分析**　攻击者采用口令窃听、漏洞攻击等方式尝试进一步入侵组织内部的个人计算机和服务器，不断提升自己的权限，直至获得核心计算机和服务器控制权的过程被称为防线突破。

■ **参考答案**　（1）B

5.1.2　暗网

知识点综述

暗网属于深网的一部分，暗网是指那些存储在网络数据库里，但不能通过超链接访问而需要通过动态网页技术访问的资源集合，不属于那些可以被标准搜索引擎索引的表面网络。

目前该类知识点属于**零星**考点。

参考题型

● 很多人认为，网络是一个扁平世界，只有一层，其实网络世界有两层。以下关于暗网的说法，错误的是　（1）　。

　A．表层网络最大的特点就是通过任何搜索引擎都能抓取并轻松访问

　B．表层网络往往占到整个网络的 60%～80%，普通人平时访问的就是这类网络

　C．暗网属于深网的一部分，暗网是指那些存储在网络数据库里，但不能通过超链接访问而需要通过动态网页技术访问的资源集合

　D．普通搜索引擎无法抓取暗网网络内容

■ **试题分析**　暗网属于深网的一部分，暗网是指那些存储在网络数据库里，但不能通过超链接接访问而需要通过动态网页技术访问的资源集合，不属于那些可以被标准搜索引擎索引的表面网

Chapter 5

络。据估计，暗网比表面网站大几个数量级。

1）**表层网络**：表层网络最大的特点就是通过任何搜索引擎都能抓取并轻松访问。不过，它只占到整个网络的 4%～20%，普通人平时访问的就是这类网络。

2）**深网**：表层网之外的所有网络。最大的特征是普通搜索引擎无法抓取这类网站。

■ **参考答案** （1）B

5.1.3 网络监听

知识点综述

网络监听是一种监视网络状态、数据流程以及网络上信息传输的技术。黑客则可以通过侦听，发现有兴趣的信息，比如用户名、密码等。

该类知识点涉及主动攻击和被动攻击的定义，这部分知识考查较多。

目前该类知识点属于**重要**考点。

参考题型

● 以下网络攻击中，___(1)___属于被动攻击。

A. 拒绝服务攻击　　　B. 重放　　　C. 假冒　　　D. 流量分析

■ **试题分析** 攻击可分为两类：

1）主动攻击。涉及修改数据流或创建数据流，它包括假冒、重放、修改消息与拒绝服务。

2）被动攻击。只是窥探、窃取、分析重要信息，但不影响网络、服务器的正常工作。

■ **参考答案** （1）D

● 人为的安全威胁包括主动攻击和被动攻击，以下属于被动攻击的是___(2)___。

A. 流量分析　　　B. 后门　　　C. 拒绝服务攻击　D. 特洛伊木马

■ **试题分析** 攻击可分为两类：

1）主动攻击。涉及修改数据流或创建数据流，它包括假冒、重放、修改消息与拒绝服务。

2）被动攻击。只是窥探、窃取、分析重要信息，但不影响网络、服务器的正常工作。

■ **参考答案** （2）A

● 被动攻击通常包含___(3)___。

A. 拒绝服务攻击　　　B. 欺骗攻击　　　C. 窃听攻击　　　D. 数据驱动攻击

■ **试题分析** 网络攻击分为主动、被动两种。

1）主动攻击。涉及修改数据流或创建数据流，它包括假冒、重放、修改消息与拒绝服务。

2）被动攻击。只是窥探、窃取、分析重要信息，但不影响网络、服务器的正常工作。

■ **参考答案** （3）C

● 人为的安全威胁包括主动攻击和被动攻击。主动攻击是攻击者主动对信息系统实施攻击，导致信息或系统功能改变。被动攻击不会导致系统信息的篡改，系统操作与状态不会改变。以下属于被动攻击的是___(4)___。

A. 嗅探　　　B. 越权访问　　　C. 重放攻击　　　D. 伪装

■ **试题分析**　被动攻击只是窥探、窃取、分析重要信息，但不影响网络、服务器的正常工作。

■ **参考答案**　（4）D

● 在以下网络威胁中，__（5）__不属于信息泄露。

A．数据窃听　　　　　　　B．流量分析　　　　C．偷窃用户账户　D．暴力破解

■ **试题分析**　信息泄露通常包括信息在传输中丢失或泄露；信息在存储介质中丢失或泄露；通过建立隐蔽通道等窃取敏感信息。数据窃听、流量分析和偷窃用户账号均属于信息泄露。

■ **参考答案**　（5）D

● 为了防御网络监听，最常用的方法是__（6）__。

A．采用物理传输（非网络）　　　　　B．信息加密

C．无线网　　　　　　　　　　　　　D．使用专线传输

■ **试题分析**　防御网络监听，最常用的方法是信息加密。

■ **参考答案**　（6）B

5.1.4　口令破解

知识点综述

口令也叫密码，口令破解是指在不知道密钥的情况下，恢复出密文中隐藏的明文信息的过程。目前该类知识点属于**零星**考点。

参考题型

● 在使用复杂度不高的口令时，容易产生弱口令的安全脆弱性，被攻击者利用从而破解用户账户，下列设置的口令中，__（1）__具有最好的口令复杂度。

A．morrison　　　　B．Wm.$*F2m5@　　C．27776394　　　D．wangjing1977

■ **试题分析**　安全密码至少包含大写字母、小写字母、数字，且不少于 8 位；不包含连续的某些字符，比如 888888、123456、654321、111111 等。

■ **参考答案**　（1）B

5.1.5　拒绝服务攻击与重放攻击

知识点综述

拒绝服务攻击（Denial of Service，DoS）即攻击者想办法让目标机器停止提供服务或资源访问。重放攻击又称重播攻击、回放攻击，是指攻击者发送一个目的主机已接收过的包，来达到欺骗系统的目的，主要用于身份认证过程，破坏认证的正确性。

目前该类知识点属于**重要**考点。

参考题型

● 有一种攻击是不断对网络服务系统进行干扰，改变其正常的作业流程，执行无关程序使系统响应减慢甚至瘫痪，这种攻击叫作__（1）__。

A．重放攻击　　　　B．拒绝服务攻击　C．反射攻击　　　D．服务攻击

■ **试题分析** 重放攻击又称重播攻击、回放攻击，是指攻击者发送一个目的主机已接收过的包，特别是在认证的过程中，用于认证用户身份所接收的包，来达到欺骗系统的目的，主要用于身份认证过程，破坏认证的安全性。

Server 端提供某种基于 UDP 的服务，例如 DNS、SMTP、NTP 等，找到一些请求，其中响应报文比请求报文大，利用这些可以放大的请求，攻击者发送一个伪造源 IP 的请求报文，源 IP 伪造成受害者的 IP 地址，服务器收到请求报文后向受害者回复"放大的"响应报文，这样就实现了流量的放大，直到服务器瘫痪。

在 DNS 反射攻击手法中，假设 DNS 请求报文的数据部分长度约为 40 字节，而响应报文数据部分的长度可能会达到 4000 字节，这意味着利用此手法能够产生约 100 倍的放大效应。

■ **参考答案** （1）B

● ___（2）___ 是一种通过不断对网络服务系统进行干扰，影响其正常的作业流程，使系统响应减慢甚至瘫痪的攻击方式。

A. 暴力攻击　　　　　　B. 拒绝服务攻击　　C. 重放攻击　　　　D. 欺骗攻击

■ **试题分析** 拒绝服务攻击：利用大量合法的请求占用大量网络资源，以达到瘫痪网络的目的。

■ **参考答案** （2）B

● 目前，网络安全形势日趋复杂，攻击手段和攻击工具层出不穷，攻击工具日益先进，攻击者需要的技能日趋下降。以下关于网络攻防的描述中，不正确的是___（3）___。

A. 嗅探器 Sniffer 工作的前提是网络必须是共享以太网

B. 加密技术可以有效抵御各类系统攻击

C. APT 的全称是高级持续性威胁

D. 同步包风暴（SYN Flooding）的攻击来源无法定位

■ **试题分析** 加密技术不能防止拒绝服务攻击。

■ **参考答案** （3）B

● ___（4）___ 攻击是指借助于客户机/服务器技术，将多个计算机联合起来作为攻击平台，对一个或多个目标发动 DoS 攻击，从而成倍地提高拒绝服务攻击的威力。

A. 缓冲区溢出　　　B. 分布式拒绝服务　　C. 拒绝服务　　　D. 口令

■ **试题分析** 分布式拒绝服务攻击是指借助于客户机/服务器技术，将多个计算机联合起来作为攻击平台，对一个或多个目标发动 DoS 攻击，从而成倍地提高拒绝服务攻击的威力。

■ **参考答案** （4）B

● 下列技术中，不能预防重放攻击的是___（5）___。

A. 时间戳　　　　　　B. Nonce　　　C. 明文填充　　　D. 序号

■ **试题分析** 重放攻击是攻击者截获目的主机曾经接收过的报文，用于达到欺骗的目的。预防重放攻击的方法有时间戳、Nonce、序号。

Nonce（Number once）：一个只被使用一次的任意或非重复的随机数值。

■ **参考答案** （5）C

- 　（6）　能有效防止重放攻击。
  A．签名机制　　　　　　B．时间戳机制　　C．加密机制　　　D．压缩机制
  ■ **试题分析**　一般来说，加入时间量或者使用一次性口令等，可以抵御重放攻击。
  ■ **参考答案**　（6）B

5.1.6　漏洞攻击

知识点综述

漏洞是在硬件、软件、策略上的缺陷，攻击者利用缺陷在未授权的情况下访问或破坏系统。Exploit 的英文意思就是利用，它在黑客眼里就是漏洞利用。

目前该类知识点属于**零星**考点。

参考题型

- 无论是哪一种 Web 服务器，都会受到 HTTP 协议本身安全问题的困扰，这样的信息系统安全漏洞属于　（1）　。
  A．开发型漏洞　　　　　B．运行型漏洞　　C．设计型漏洞　　D．验证型漏洞
  ■ **试题分析**　无论是哪一种 Web 服务器，都会受到 HTTP 协议本身安全问题的困扰，这样的信息系统安全漏洞属于设计型漏洞。
  ■ **参考答案**　（1）C

5.1.7　僵尸网络

知识点综述

僵尸网络（Botnet）是指采用一种或多种手段（主动攻击漏洞、邮件病毒、即时通信软件、恶意网站脚本、特洛伊木马）使大量主机感染 bot 程序（僵尸程序），从而在控制者和被感染主机之间所形成的一个可以一对多控制的网络。

目前该类知识点属于**零星**考点。

参考题型

- 　（1）　是指采用一种或多种传播手段，将大量主机感染 bot 程序，从而在控制者和被感染主机之间形成的一个可以一对多控制的网络。
  A．特洛伊木马　　　　　B．僵尸网络　　C．ARP 欺骗　　　D．网络钓鱼
  ■ **试题分析**　僵尸网络（Botnet）是指采用一种或多种手段（主动攻击漏洞、邮件病毒、即时通信软件、恶意网站脚本、特洛伊木马）使大量主机感染 bot 程序（僵尸程序），从而在控制者和被感染主机之间所形成的一个可以一对多控制的网络。
  ■ **参考答案**　（1）B

5.1.8　网络钓鱼

知识点综述

网络钓鱼（Phishing）是通过大量发送声称来自于银行或其他知名机构的欺骗性垃圾邮件，意

图引诱收信人给出敏感信息（如用户名、口令、信用卡详细信息等）的一种攻击方式。它是"社会工程攻击"的一种形式。网络钓鱼攻击的常用手段有社会工程学、假冒电商网站、假冒网银、假冒证券网站。

目前该类知识点属于**一般**考点。

参考题型

● 以下关于网络钓鱼的说法中，不正确的是 ___(1)___ 。

A．网络钓鱼融合了伪装、欺骗等多种攻击方式

B．网络钓鱼与 Web 服务没有关系

C．典型的网络钓鱼攻击都将被攻击者引诱到一个通过精心设计的钓鱼网站上

D．网络钓鱼是"社会工程攻击"的一种形式

■ **试题分析** 网络钓鱼是通过大量发送声称来自于银行或其他知名机构的欺骗性垃圾邮件，意图引诱收信人给出敏感信息（如用户名、口令、信用卡详细信息等）的一种攻击方式。

最典型的网络钓鱼攻击将收信人引诱到一个通过精心设计与目标组织的网站非常相似的钓鱼网站上，并获取收信人在此网站上输入的个人敏感信息，通常这个攻击过程不会让受害者警觉。它是"社会工程攻击"的一种形式。网络钓鱼是一种在线身份盗窃方式。

■ **参考答案** （1）B

● 下列攻击中，不能导致网络瘫痪的是 ___(2)___ 。

A．溢出攻击　　　　B．钓鱼攻击　　C．邮件炸弹攻击　D．拒绝服务攻击

■ **试题分析** 网络钓鱼是通过大量发送声称来自于银行或其他知名机构的欺骗性垃圾邮件，意图引诱收信人给出敏感信息（如用户名、口令、信用卡详细信息等）的一种攻击方式。这种方式的流量不足以大到导致网络瘫痪。

■ **参考答案** （2）B

● 以下网络攻击方式中，___(3)___ 实施的攻击不是网络钓鱼的常用手段。

A．利用社会工程学　　　　　　　　B．利用虚假的电子商务网站

C．利用假冒网上银行、网上证券网站　　D．利用蜜罐

■ **试题分析** 网络钓鱼是通过大量发送声称来自于银行或其他知名机构的欺骗性垃圾邮件，意图引诱收信人给出敏感信息（如用户名、口令、信用卡详细信息等）的一种攻击方式。

网络钓鱼攻击的常用手段：社会工程学、假冒电商网站、假冒网银、假冒证券网站。

■ **参考答案** （3）D

5.1.9　网络欺骗

知识点综述

网络欺骗就是使入侵者相信信息系统存在有价值的、可利用的安全弱点，并具有一些可攻击窃取的资源（当然这些资源是伪造的或不重要的），并将入侵者引向这些错误的资源。常见的网络欺骗有 ARP 欺骗、DNS 欺骗、IP 欺骗、Web 欺骗、E-mail 欺骗。

目前该类知识点属于**一般**考点。

参考题型

● IP 地址欺骗的发生过程，下列顺序正确的是__(1)__。

①确定要攻击的主机 A；②发现和它有信任关系的主机 B；③猜测序列号；④成功连接，留下后门；⑤将 B 利用某种方法攻击瘫痪。

A．①②⑤③④   B．①②③④⑤   C．①②④③⑤   D．②①⑤③④

■ **试题分析** IP 地址欺骗的发生过程：确定要攻击的主机 A；发现和它有信任关系的主机 B；将 B 利用某种方法攻击瘫痪；猜测序列号；成功连接，留下后门。

■ **参考答案** （1）A

● 中间人攻击就是在通信双方毫无察觉的情况下，通过拦截正常的网络通信数据，进而对数据进行嗅探或篡改。以下属于中间人攻击的是__(2)__。

A．DNS 欺骗   B．社会工程攻击 C．网络钓鱼   D．旁注攻击

■ **试题分析** DNS 欺骗属于中间人攻击。

■ **参考答案** （2）A

● 以下关于网络欺骗的描述中，不正确的是__(3)__。

A．Web 欺骗是一种社会工程攻击

B．DNS 欺骗通过入侵网站服务器实现对网站内容的篡改

C．邮件欺骗可以远程登录邮件服务器的端口 25

D．采用双向绑定的方法可以有效阻止 ARP 欺骗

■ **试题分析** DNS 欺骗首先是冒充域名服务器，然后把查询的 IP 地址设为攻击者的 IP 地址，这样，用户上网就只能看到攻击者的主页，而不是访问者要访问的真正主页，这就是 DNS 欺骗的基本原理。

DNS 欺骗其实并没有"黑掉"对方的网站，而是冒名顶替、招摇撞骗。

■ **参考答案** （3）B

5.1.10 网站安全威胁

知识点综述

本节的考点有 SQL 注入、跨站攻击、旁注攻击、失效的身份认证和会话管理、防止失效的身份认证和会话管理方法等。

目前该类知识点属于**重要**考点。

参考题型

● 注入语句：http://xxx.xxx.xxx/abc.asp?p=YY and user>0 不仅可以判断服务器的后台数据库是否为 SQL Server，还可以得到__(1)__。

A．当前连接数据库的用户数量   B．当前连接数据库的用户名

C．当前连接数据库的用户口令   D．当前连接数据库的数据库名

■ **试题分析** SQL Server 有 user、db_name()等系统变量，利用这些系统值不仅可以判断 SQL

Server，而且还可以得到大量有用的信息。如：

- 语句 http://xxx.xxx.xxx/abc.asp?p=YY and user>0，不仅可以判断是否是 SQL Server，而且还可以得到当前连接数据库的用户名。
- 语句 http://xxx.xxx.xxx/abc.asp?p=YY and db_name()>0，不仅可以判断是否是 SQL Server，而且还可以得到当前正在使用的数据库名。

■ **参考答案** （1）B

● 在访问因特网时，为了防止 Web 页面中恶意代码对自己计算机的损害，可以采取的防范措施是 __（2）__。

A．将要访问的 Web 站点按其可信度分配到浏览器的不同安全区域

B．在浏览器中安装数字证书

C．利用 IP 安全协议访问 Web 站点

D．利用 SSL 访问 Web 站点

■ **试题分析** 划分不同安全区域是 IE 浏览器为保护用户计算机免受恶意代码的危害而采取的一种技术。通常浏览器将 Web 站点按其可信度分配到不同的区域，针对不同的区域指定不同的文件下载方式。

■ **参考答案** （2）A

● 下面关于跨站攻击的描述，不正确的是 __（3）__。

A．跨站脚本攻击指的是恶意攻击者向 Web 页面里插入恶意的 HTML 代码

B．跨站脚本攻击简称 XSS

C．跨站脚本攻击者也可称作 CSS

D．跨站脚本攻击是主动攻击

■ **试题分析** 跨站脚本攻击（Cross Site Script Execution，XSS）：恶意攻击者往 Web 页面里插入恶意 HTML 代码，当用户浏览该页时，嵌入 Web 中的 HTML 代码会被执行，从而达到恶意用户的特殊目的。造成 XSS 攻击的原因是网站程序对用户的输入过滤不足，属于主动攻击。

■ **参考答案** （3）D

● SSL 协议是对称密码技术和公钥密码技术相结合的协议，该协议不能提供的安全服务是 __（4）__。

A．可用性　　　　　B．完整性　　　　　C．保密性　　　　　D．可认证性

■ **试题分析** SSL 协议结合了对称密码技术和公开密码技术，提供秘密性、完整性、认证性服务。

■ **参考答案** （4）A

5.1.11　社会工程

知识点综述

社会工程学是利用社会科学（心理学、语言学、欺诈学）并结合常识，将其有效地利用（如人

性的弱点），最终获取机密信息的学科。

信息安全定义的社会工程是使用非计算机手段（如欺骗、欺诈、威胁、恐吓甚至实施物理上的盗窃）得到敏感信息的方法集合。

目前该类知识点属于**零星**考点。

参考题型

● 关于社会工程的说法，不正确的是　(1)　。

A．社会工程学需要心理学、语言学、欺诈学等学科支持

B．社会工程的最终目的是要获取机密信息

C．社会工程是使用欺骗、欺诈、威胁、恐吓甚至实施物理上的盗窃等手段得到敏感信息的方法集合

D．信息安全定义的社会工程是使用计算机手段得到敏感信息的方法集合

■ **试题分析**　社会工程学是利用社会科学（心理学、语言学、欺诈学）并结合常识，将其有效地利用（如人性的弱点），最终获取机密信息的学科。

信息安全定义的社会工程是使用非计算机手段（如欺骗、欺诈、威胁、恐吓甚至实施物理上的盗窃）得到敏感信息的方法集合。

■ **参考答案**　（1）D

5.2　恶意代码

5.2.1　恶意代码命名规则

知识点综述

恶意代码的一般命名格式为：恶意代码前缀.恶意代码名称.恶意代码后缀。

恶意代码前缀是根据恶意代码特征起的名字，具有相同前缀的恶意代码通常具有相同或相似的特征。常见的前缀名见表 5-1。

表 5-1　常见的前缀名

前缀	含义	解释	例子
Boot	引导区病毒	通过感染磁盘引导扇区进行传播的病毒	Boot.WYX
DOSCom	DOS 病毒	只通过 DOS 操作系统进行复制和传播的病毒	DOSCom.Virus.Dir2.2048（DirII 病毒）
Worm	蠕虫病毒	通过网络或漏洞进行自主传播，向外发送带毒邮件或通过即时通信工具（QQ、MSN）发送带毒文件	Worm.Sasser（震荡波）、WannaCry

前缀	含义	解释	例子
Trojan	木马	木马通常伪装成有用的程序诱骗用户主动激活，或利用系统漏洞侵入用户计算机。计算机感染特洛伊木马后的典型现象是有未知程序试图建立网络连接	Trojan.Win32.PGPCoder.a（文件加密机）、Trojan.QQPSW
Backdoor	后门	通过网络或者系统漏洞入侵计算机并隐藏起来，方便黑客远程控制	Backdoor.Huigezi.ik（灰鸽子变种IK）、Backdoor.IRCBot
Win32、PE、Win95、W32、W95	文件型病毒或系统病毒	感染可执行文件（如.exe、.com）、.dll文件的病毒。若与其他前缀连用，则表示病毒的运行平台	Win32.CIH，Backdoor.Win32.PcClient.al，表示运行在 32 位 Windows 平台上的后门
Macro	宏病毒	宏语言编写，感染办公软件（如 Word、Excel），并且能通过宏自我复制的程序	Macro.Melissa、Macro.Word、Macro.Word.Apr30
Script、VBS、JS	脚本病毒	使用脚本语言编写，通过网页传播、感染、破坏或调用特殊指令下载并运行病毒、木马文件	Script.RedLof（红色结束符）、Vbs.valentin（情人节）
Harm	恶意程序	直接对被攻击主机进行破坏	Harm.Delfile（删除文件）、Harm.formatC.f（格式化 C 盘）
Joke	恶作剧程序	不会对计算机和文件产生破坏，但可能给用户带来恐慌和麻烦，如做控制鼠标	Joke.CrayMourse（疯狂鼠标）
Binder	捆绑机病毒	将病毒与一些应用程序（如 QQ、IE）捆绑起来，表面上看是一个正常的文件，实则隐蔽运行病毒程序	Binder.killsys（系统杀手）
Dropper	病毒种植程序病毒	这类病毒运行时会释放出一个或几个新的病毒到系统目录下，从而产生破坏	Dropper.BingHe2.2C（冰河播种者）

目前该类知识点属于**一般**考点。

参考题型

● 恶意代码是指为达到恶意目的而专门设计的程序或代码。以下恶意代码中，属于脚本病毒的是 (1) 。

A．Worm. Sasser.f

B．Trojan. Huigezi. A

C．Harm. formatC. f

D．Script. Redlof

■ **试题分析**　Script 开头的就是脚本病毒。

■ **参考答案**　(1) D

● 下面病毒中，属于蠕虫病毒的是 (2) 。

A．Worm.Sasser 病毒

B．Trojan.QQPSW 病毒

C．Backdoor.IRCBot 病毒　　　　　　　　D．Macro.Melissa 病毒

■ **试题分析**　蠕虫病毒的前缀是：Worm。通常是通过网络、邮件、系统漏洞进行传播。

■ **参考答案**　（2）A

● 杀毒软件报告发现病毒 Macro.Melissa，由该病毒名称可以推断出病毒类型是　（3）　，这类病毒主要感染目标是　（4）　。

（3）A．文件型　　　　　B．引导型　　　　C．目录型　　　　D．宏病毒

（4）A．EXE 或 COM 可执行文件　　　　B．Word 或 Excel 文件

　　　C．DLL 系统文件　　　　　　　　D．磁盘引导区

■ **试题分析**　Macro.Melissa 是一种宏病毒，主要感染 Office 文件。

■ **参考答案**　（3）D　（4）B

● 以下恶意代码中，属于宏病毒的是　（5）　。

A．Macro.Melissa　　　　　　　　　　B．Trojan.Huigezi.A

C．Worm.Blaster.g　　　　　　　　　　D．Backdoor.Agobot.frt

■ **试题分析**　宏病毒用宏语言编写，感染办公软件（如 Word、Excel），并且能通过宏自我复制的程序，表示宏病毒的前缀为 Macro。常见的宏病毒有 Macro.Melissa、Macro.Word、Macro.Word.Apr30。

■ **参考答案**　（5）A

5.2.2　CARO 命名规则

CARO 是一个计算机反病毒研究组织，其创始人制定了一套病毒的命名规则。如今，该命名规则已经过时。

5.2.3　计算机病毒

知识点综述

计算机病毒是一段附着在其他程序上的、可以自我繁殖的、有一定破坏能力的程序代码。复制后的程序仍然具有感染和破坏的功能。

计算机病毒具有传染性、破坏性、隐蔽性、潜伏性、不可预见性、可触发性、非授权性等特点。

计算机病毒的生命周期一般包括潜伏阶段、传播阶段、触发阶段、发作阶段四个阶段。

目前该类知识点属于**重要**考点。

参考题型

● 目前使用的防杀病毒软件的作用是　（1）　。

A．检查计算机是否感染病毒，清除已感染的任何病毒

B．杜绝病毒对计算机的侵害

C．查出已感染的任何病毒，清除部分已感染病毒

D．检查计算机是否感染病毒，清除部分已感染病毒

■ **试题分析** 防杀病毒软件只能检查和清除部分病毒。

■ **参考答案** (1) D

● 病毒的引导过程不包含 __(2)__ 。

　　A. 保证计算机或网络系统的原有功能

　　B. 窃取系统部分内存

　　C. 使自身有关代码取代或扩充原有系统功能

　　D. 删除引导扇区

■ **试题分析** 计算机病毒的引导过程一般包括以下三个方面。

1）驻留内存病毒若要发挥其破坏作用，一般要驻留内存。为此就必须开辟所用内存空间或覆盖系统占用的部分内存空间。有的病毒不驻留内存。

2）窃取系统控制权在病毒程序驻留内存后，必须使有关部分取代或扩充系统的原有功能，并窃取系统的控制权。此后病毒程序依据其设计思想，隐蔽自己，等待时机，在条件成熟时，再进行传染和破坏。

3）恢复系统功能病毒为隐蔽自己，驻留内存后还要恢复系统，使系统不会死机，只有这样才能等待时机成熟后，进行感染和破坏的目的。

■ **参考答案** (2) D

● 计算机病毒的生命周期一般包括 __(3)__ 四个阶段。

　　A. 开发阶段、传播阶段、发现阶段、清除阶段

　　B. 开发阶段、潜伏阶段、传播阶段、清除阶段

　　C. 潜伏阶段、传播阶段、发现阶段、清除阶段

　　D. 潜伏阶段、传播阶段、触发阶段、发作阶段

■ **试题分析** 计算机病毒的生命周期一般包括**潜伏阶段、传播阶段、触发阶段、发作阶段**四个阶段。

■ **参考答案** (3) D

● 文件类型病毒不能感染的文件类型是 __(4)__ 。

　　A. COM 类型　　　　B. HTML 类型　　C. SYS 类型　　　D. EXE 类型

■ **试题分析** 文件型病毒系主要通过感染计算机中的可执行文件（.exe）和命令文件（.com）。其文件类型包括后缀名是 EXE、DLL 或者 VXD、SYS。

■ **参考答案** (4) B

5.2.4　蠕虫

知识点综述

蠕虫是一段可以借助程序自行传播的程序或代码。

目前该类知识点属于**零星**考点。

参考题型

● 常见的恶意代码类型有特洛伊木马、蠕虫、病毒、后门、Rootkit、僵尸程序、广告软件。2017年 5 月爆发的恶意代码 WannaCry 勒索软件属于　(1)　。

A．特洛伊木马　　　　　B．蠕虫　　　　　C．后门　　　　　D．Rootkit

■ **试题分析**　WannaCry（又叫 Wanna Decryptor），是一种"蠕虫式"的勒索病毒软件。

■ **参考答案**　（1）B

5.2.5　木马

知识点综述

木马不会自我繁殖，也并不刻意地去感染其他文件，它通过伪装自己来吸引用户下载执行，向施种木马者提供打开被种主机的门户，使施种者可以任意毁坏、窃取被种者的文件，甚至远程操控被种主机。

目前该类知识点属于**一般**考点。

参考题型

● 下列说法中，错误的是　(1)　。

A．服务攻击是针对某种特定攻击的网络应用的攻击

B．主要的渗入威胁有特洛伊木马和陷阱

C．非服务攻击是针对网络层协议而进行的

D．对于在线业务系统的安全风险评估，应采用最小影响原则

■ **试题分析**　渗入威胁分为假冒、旁路、授权侵犯三种形式。

1）假冒：即某个实体假装成另外一个不同的实体。这个未授权实体以一定的方式使安全守卫者相信它是一个合法的实体，从而获得合法实体对资源的访问权限。这是大多数黑客常用的攻击方法。

2）旁路：攻击者通过各种手段发现一些系统安全缺陷，并利用这些安全缺陷绕过系统防线渗入到系统内部。

3）授权侵犯：对某一资源具有一定权限的实体，将此权限用于未被授权的目的，也称"内部威胁"。

系统的安全风险评估的基本原则有可控性原则、可靠性原则、完整性原则、最小影响原则、时间与成本有效原则等。

1）可控性原则：包括人员可控、工具可控、项目过程可控。

2）可靠性原则：系统在规定的时间、环境下，持续完成规定功能的能力，就是系统无故障运行的概率。

3）完整性原则：信息只能被得到允许的人修改，并且能够被判别该信息是否已被篡改过。同时一个系统也应该按其原来规定的功能运行，不被非授权者操纵。

4）最小影响原则：风险评估不能影响正常的业务活动，应该从系统相关的管理和技术层面，将风险评估过程影响降低到最小。

5）时间与成本有效原则：风险评估过程所花费的时间、成本应是合理的。

■ **参考答案** （1）B

● 特洛伊木马攻击的威胁类型属于___(2)___。

A．授权侵犯威胁　　　　B．渗入威胁　　　C．植入威胁　　　D．旁路控制威胁

■ **试题分析** 主要的渗入威胁有：

1）假冒：即某个实体假装成另外一个不同的实体。这个末授权实体以一定的方式使安全守卫者相信它是一个合法的实体，从而获得合法实体对资源的访问权限。这是大多数黑客常用的攻击方法。

2）旁路：攻击者通过各种手段发现一些系统安全缺陷，并利用这些安全缺陷绕过系统防线渗入到系统内部。

3）授权侵犯：对某一资源具有一定权限的实体，将此权限用于未被授权的目的，也称"内部威胁"。

主要的植入威胁有病毒、特洛伊木马、陷门、逻辑炸弹、间谍软件。

此题在历次考试中考查过多次。

■ **参考答案** （2）C

● 网页木马是一种通过攻击浏览器或浏览器外挂程序的漏洞，向目标用户机器植入木马、病毒、密码盗取等恶意程序的手段，为了安全浏览网页，不应该___(3)___。

A．定期清理浏览器缓存和上网历史记录

B．禁止使用 ActiveX 控件和 Java 脚本

C．在他人计算机上使用"自动登录"和"记住密码"功能

D．定期清理浏览器 Cookies

■ **试题分析** 为了安全浏览网页，不应该在他人计算机上使用"自动登录"和"记住密码"功能。

■ **参考答案** （3）C

5.2.6　恶意代码的防治

知识点综述

发现恶意代码的措施有：

（1）使用杀毒软件查杀。

（2）分析启动项、进程、配置、日志等找到异常。

（3）分析系统异常点（异常 CPU 使用率、网络利用率等）从而发现异常。

清除恶意代码的步骤有：

（1）停止恶意代码的行为（包括停止进程、停止服务、卸载 DLL 等）。

（2）删除恶意代码的所有新建文件（包括 EXE、DLL、驱动等）。

（3）清理启动选项。

（4）清除被感染文件的病毒。

目前该类知识点属于**零星**考点。

参考题型

● 以下关于恶意代码在运行过程中的说法，不正确的是__（1）__。

A．恶意代码在运行的过程中可能会修改系统函数功能

B．恶意代码在运行的过程中可能会修改系统内核数据结构

C．恶意代码在运行的过程中可能会启动服务，装载驱动程序

D．恶意代码在运行的过程中可能会对系统进行修改，但均可被杀毒软件或者人工手段恢复

■ **试题分析**　恶意代码在运行的过程中，还可能对系统产生如下影响：

1）修改系统函数功能。

2）修改系统内核数据结构。

3）创建恶意进程或线程。

4）启动服务，装载驱动程序。

5）对本系统或其他系统进行破坏等。

不是所有恶意代码对系统进行的修改都可以被恢复。

■ **参考答案**　（1）D

● 当发现系统被植入了恶意代码之后，需要判断恶意代码对系统产生了哪些修改，以便于后续的系统恢复工作。以下选项中，__（2）__不属于可行的思路。

A．用杀毒软件进行自动查杀

B．分析系统启动项、进程列表、服务列表等，从中找到异常项目，并跟踪到异常文件并进行清除

C．观察系统的异常症状（譬如异常进程、文件或者错误弹出框等），然后关机重启解决

D．找到一个恶意代码样本，在虚拟机、沙箱或者行为监控软件中对恶意代码行为进行分析，然后对被感染计算机进行逆操作

■ **试题分析**　当发现系统被植入了恶意代码之后，需要判断恶意代码对系统产生了哪些修改，以便于后续的系统恢复工作。可行的思路如下：

1）用杀毒软件进行自动查杀。

2）观察系统的异常症状（譬如异常进程、文件或者错误弹出框等），然后基于这些症状搜索解决办法。

3）分析系统启动项、进程列表、服务列表等，从中找到异常项目，并跟踪到异常文件且进行清除。

4）找到一个恶意代码样本，在虚拟机、沙箱或者行为监控软件中对恶意代码行为进行分析，然后对被感染计算机进行逆操作。

■ **参考答案**　（2）B

5.2.7 计算机取证

知识点综述

计算机取证是将计算机调查和分析技术应用于对潜在的，有法律效力的证据的确定和提取。计算机取证在打击计算机和网络犯罪中的作用十分关键，它的目的是将犯罪者留在计算机中的"痕迹"作为有效的诉讼证据提供给法庭。

目前该类知识点属于**一般**考点。

参考题型

● 计算机取证是将计算机调查和分析技术应用于对潜在的，有法律效力的证据的确定和提取。以下关于计算机取证的描述中，错误的是__(1)__。

A．计算机取证包括对磁介质编码信息方式存储的计算机证据的保护、确认提取和归档

B．计算机取证围绕电子证据进行，电子证据具有高科技性、无形性和易破坏性等特点

C．计算机取证包括保护目标计算机系统、确定收集和保存电子证据，必须在开机状态下进行

D．计算机取证是一门在犯罪进行过程中或之后收集证据的技术

■ **试题分析**　计算机取证是扫描和破解计算机系统，重建入侵事件的过程，并不要求一定是在开机状态。

■ **参考答案**　（1）C

● 计算机取证主要是对电子证据的获取、分析、归档和描述的过程，而电子证据需要在法庭上作为证据展示，进行计算机取证时应当充分考虑电子证据的真实性和电子证据的证明里，除了相关准备之外，计算机取证步骤通常不包括__(2)__。

A．保护目标计算机系统　　　　　　　B．确定电子证据

C．收集电子数据、保护电子证据　　　D．清除恶意代码

■ **试题分析**　计算机取证就是获取、分析、归档、保存和描述电子证据的过程，最后电子证据会作为证据，在法庭上展示。

计算机取证的步骤通常包括：准备好工具、文档等、保护目标计算机系统、确定电子证据、收集电子证据、保护电子证据。

■ **参考答案**　（2）D

5.3 安全防御

5.3.1 安全扫描

知识点综述

安全扫描是发现系统脆弱性的手段，是风险评估的前提条件。安全扫描可以分为漏洞扫描、端口扫描、密码扫描。

常见的安全扫描工具有 Nessus、Burp Suite、WVS、AppScan、NMap、X-Scan 等。

目前该类知识点属于**一般**考点。

参考题型

● 扫描技术　(1)　。

   A．只能作为攻击工具　　　　　　　　B．只能作为防御工具

   C．只能作为检查系统漏洞的工具　　　D．既可以作为工具，也可以作为防御工具

■ **试题分析**　网络扫描的原理就是通过对待扫描的网络主机发送特定的数据包，根据返回的数据包来判断待扫描的系统的端口及相关的服务有没有开启。无论网络扫描的目的是什么，其作用都是为了发现待扫描系统潜在的漏洞。管理员根据扫描结果可以进一步提高自己服务器的安全防范能力。

■ **参考答案**　(1) D

● 攻击者通过对目标主机进行端口扫描，可以直接获得　(2)　。

   A．目标主机的口令　　　　　　　　　B．给目标主机种植木马

   C．目标主机使用了什么操作系统　　　D．目标主机开放了哪些端口服务

■ **试题分析**　攻击者通过对目标主机进行端口扫描，可以直接获得目标主机开放了哪些端口服务的信息。

■ **参考答案**　(2) D

● 安全漏洞扫描技术是一类重要的网络安全技术。当前，网络安全漏洞扫描技术的两大核心技术是　(3)　。

   A．PINC 扫描技术和端口扫描技术　　B．端口扫描技术和漏洞扫描技术

   C．操作系统探测和漏洞扫描技术　　　D．PINC 扫描技术和操作系统探测

■ **试题分析**　安全漏洞扫描技术是一类重要的网络安全技术。当前，网络安全漏洞扫描技术的两大核心技术是端口扫描技术和漏洞扫描技术。

■ **参考答案**　(3) B

● 攻击者通过对目标主机进行端口扫描可以直接获得　(4)　。

   A．目标主机的操作系统信息

   B．目标主机的开放端口服务信息

   C．目标主机的登录口令

   D．目标主机的硬件设备信息

■ **试题分析**　入侵者在进行攻击前，通常会先了解目标系统的一些信息，如目标主机运行的是什么操作系统；是否有什么保护措施；运行什么服务；运行的服务的版本；存在的漏洞等。而判断运行服务的方法就是通过端口扫描，因为常用的服务是使用标准的端口，只要扫描到相应的端口，就能知道目标主机上运行着什么服务。

■ **参考答案**　(4) B

5
Chapter

5.3.2　网络隔离

知识点综述

网络隔离技术的目标是确保把有害的攻击隔离，在保证可信网络内部信息不外泄的前提下，完成网络间数据的安全交换。

目前该类知识点属于**零星**考点。

参考题型

● 以下选项中，关于网闸的说法错误的有___(1)___。

A．涉密网络与非涉密网络互联时，需要进行网闸隔离

B．网闸借鉴了船闸的概念，设计上采用"代理+摆渡"的方式

C．网闸摆渡的思想是内外网进行隔离，分时对网闸中的存储进行读写，间接实现信息交换；内外网之间不能建立网络连接，不能通过网络协议互相访问

D．网闸的摆渡功能是数据的"拆卸"，把数据还原成原始的部分，拆除各种通信协议添加的"包头包尾"，在内外网之间传递净数据

■ **试题分析**　网闸借鉴了船闸的概念，设计上采用"代理+摆渡"的方式。摆渡的思想是内外网进行隔离，分时对网闸中的存储进行读写，间接实现信息交换；内外网之间不能建立网络连接，不能通过网络协议互相访问。网闸的代理功能是数据的"拆卸"，把数据还原成原始的部分，拆除各种通信协议添加的"包头包尾"，在内外网之间传递净数据。

大部分的攻击需要客户端和服务器之间建立连接并进行通信，而网闸从原理实现上就切断了所有的 TCP 连接，包括 UDP、ICMP 等其他各种协议。网闸只传输纯数据，因此可以防止未知和已知的攻击。

依据国家安全要求，涉密网络与非涉密网络互联时，需要进行网闸隔离；非涉密网络与互联网连通时，采用单向网闸；非涉密网络与互联网不连通时，采用双向网闸。

■ **参考答案**　(1) D

5.3.3　网络蜜罐

知识点综述

蜜罐（Honeypot）是一个安全资源，它的价值在于被探测、攻击和损害。蜜罐是网络管理员经过周密布置而设下的"黑匣子"，看似漏洞百出却尽在掌握之中，它收集的入侵数据十分有价值。

目前该类知识点属于**重要**考点。

参考题型

● 以下行为中，不属于威胁计算机网络安全的因素是___(1)___。

A．操作员安全配置不当而造成的安全漏洞

B．在不影响网络正常工作的情况下，进行截获、窃取、破译以获得重要机密信息

C．安装非正版软件

D．安装蜜罐系统

■ **试题分析** 蜜罐（Honeypot）是一个安全资源，它的价值在于被探测、攻击和损害。蜜罐是网络管理员经过周密布置而设下的"黑匣子"，看似漏洞百出却尽在掌握之中，它收集的入侵数据十分有价值。属于提高网络安全，找出安全攻击源的一种手段。

■ **参考答案** （1）D

● 网络蜜罐技术是一种主动防御技术，是入侵检测技术的一个重要发展方向，以下有关蜜罐的说法不正确的是 （2） 。

A．蜜罐系统是一个包含漏洞的诱骗系统，它通过模拟一个或者多个易受攻击的主机和服务，给攻击者提供一个容易攻击的目标

B．使用蜜罐技术，可以使目标系统得以保护，便于研究入侵者的攻击行为

C．如果没人攻击，蜜罐系统就变得毫无意义

D．蜜罐系统会直接提高计算机网络安全等级，是其他安全策略不可替代的

■ **试题分析** 蜜罐系统不会直接提高计算机网络安全等级。

■ **参考答案** （2）D

● 网络安全技术可以分为主动防御技术和被动防御技术两大类，以下属于主动防御技术的是 （3） 。

A．蜜罐技术 　　　 B．入侵检测技术 　　 C．防火墙技术 　　 D．恶意代码扫描技术

■ **试题分析** 蜜罐技术是一种主动防御技术，是入侵检测技术的一个重要发展方向。蜜罐系统是一个包含漏洞的诱骗系统，它通过模拟一个或多个易受攻击的主机和服务，给攻击者提供一个容易攻击的目标。由于蜜罐并没有向外界提供真正有价值的服务，因此所有试图与其进行连接的行为均可认为是可疑的，同时让攻击者在蜜罐上浪费时间，延缓对真正目标的攻击，从而使目标系统得到保护。

■ **参考答案** （3）A

● 蜜罐是一种在互联网上运行的计算机系统，是专门为吸引并诱骗那些试图非法闯入他人计算机系统的人而设计的。以下关于蜜罐的描述中，不正确的是 （4） 。

A．蜜罐系统是一个包含漏洞的诱骗系统 　　 B．蜜罐技术是一种被动防御技术

C．蜜罐可以与防火墙协作使用 　　 D．蜜罐可以查找和发现新型攻击

■ **试题分析** 蜜罐是网络管理员经过周密布置而设下的"黑匣子"，看似漏洞百出却尽在掌握之中，它收集的入侵数据十分有价值。网络蜜罐技术是一种主动防御技术，是入侵检测技术的一个重要发展方向。

■ **参考答案** （4）B

5.3.4 匿名网络

知识点综述

匿名网络（The Onion Router，TOR）是第二代洋葱路由的一种实现，用户通过 TOR 可以在因

特网上进行匿名交流。TOR 专门防范流量过滤、嗅探分析，让用户免受其害。

目前该类知识点属于**零星**考点。

参考题型

● 以下选项中，关于匿名网络的说法错误的有 __(1)__ 。

A．TOR 专门防范流量过滤、嗅探分析，让用户免受其害

B．TOR 是一种广播式的代理软件，依靠网络上的众多计算机运行的 TOR 服务来提供代理

C．TOR 代理网络是自动连接并随机安排访问链路的

D．TOR 的代理一般在 2～5 层左右，加密程度也比较高

■ **试题分析** 匿名网络（The Onion Router，TOR）是第二代洋葱路由的一种实现，用户通过 TOR 可以在因特网上进行匿名交流。TOR 专门防范流量过滤、嗅探分析，让用户免受其害。

它是一种点对点的代理软件，依靠网络上的众多计算机运行的 TOR 服务来提供代理。TOR 代理网络是自动连接并随机安排访问链路的，这样就没有了固定的代理服务器，也不需要去费劲寻找代理服务器地址了。而且 TOR 的代理一般在 2～5 层左右，加密程度也比较高。

■ **参考答案** （1）B

5.3.5 网络存储与备份

知识点综述

存储可以有 DAS、NAS、SAN 三种形式，其中 NAS 和 SAN 属于网络存储。

备份与恢复是一种数据安全策略，通过备份软件把数据备份到备用存储设备上；当原始数据丢失或遭到破坏的情况下，利用备份数据把原始数据恢复出来，使系统能够正常工作。备份方式有以下四种：

● 全备份：将系统中所有的数据信息全部备份。

● 差分备份：每次备份的数据是相对于上一次全备份之后新增加的和修改过的数据。

● 增量备份：备份自上一次备份（包含完全备份、差异备份、增量备份）之后所有变化的数据（含删除文件信息）。

● 渐进式备份（又称只有增量备份、连续增量备份）：只在初始时做全备份，以后只备份变化（新建、改动）的文件，比上述三种备份方式具有更少的数据移动、更好的性能。

目前该类知识点属于**一般**考点。

参考题型

● 安全备份的策略不包括 __(1)__ 。

A．所有网络基础设施设备的配置和软件　　B．所有提供网络服务的服务器配置

C．网络服务　　D．定期验证备份文件的正确性和完整性

■ **试题分析** 网络服务是一种实时服务，和备份关系不大。

■ **参考答案** （1）C

● 数据备份通常可分为全备份、增量备份、差分备份和渐进式备份几种方式。其中将系统中所有

选择的数据对象进行一次全面的备份，而不管数据对象自上次备份之后是否修改过的备份方式是　(2)　。

A．全备份　　　　　　B．增量备份　　　C．差分备份　　　D．渐进式备份

■ **试题分析**　全备份：将系统中所有的数据信息全部备份。

差分备份：每次备份的数据是相对于上一次全备份之后新增加的和修改过的数据。

增量备份：备份自上一次备份（包含完全备份、差异备份、增量备份）之后所有变化的数据（含删除文件信息）。

渐进式备份（又称只有增量备份、连续增量备份）：渐进式备份只在初始时做全备份，以后只备份变化（新建、改动）的文件，比上述三种备份方式具有更少的数据移动，更好的性能。

■ **参考答案**　(2) A

● 在冗余磁盘阵列中，以下不具有容错技术的是　(3)　。

A．RAID0　　　　　　B．RAID1　　　　C．RAID5　　　　D．RAID10

■ **试题分析**　RAID0 是没有容错能力的方式，因此磁盘利用率最高。

■ **参考答案**　(3) A

● 廉价磁盘冗余阵列 RAID 利用冗余技术实现高可靠性，其中 RAID1 的磁盘利用率为　(4)　。如果利用 4 个盘组成 RAID3 阵列，则磁盘利用率为　(5)　。

(4) A．25%　　　　　B．50%　　　　C．75%　　　　D．100%

(5) A．25%　　　　　B．50%　　　　C．75%　　　　D．100%

■ **试题分析**　RAID1：磁盘镜像，可并行读数据，在不同的两块磁盘写相同数据，写入数据比 RAID0 慢点。安全性最好，但空间利用率为 50%，利用率最低。实现 RAID1 至少需要两块硬盘。

RAID3 使用单独的一块校验盘进行奇偶校验。磁盘利用率 $=n-1/n=3/4=75\%$，其中 n 为 RAID3 中的磁盘总数。

■ **参考答案**　(4) B　　(5) C

● RAID 技术中，磁盘容量利用率最高的是　(6)　。

A．RAID0　　　　　　B．RAID1　　　　C．RAID3　　　　D．RAID5

■ **试题分析**　由于 RAID0 没有校验功能，所以利用率最高。

■ **参考答案**　(6) A

● 开放系统的数据存储有多种方式，属于网络化存储的是　(7)　。

A．内置式存储和 DAS　　　　　　　　B．DAS 和 NAS

C．DAS 和 SAN　　　　　　　　　　　D．NAS 和 SAN

■ **试题分析**　开放系统的数据存储有多种方式，属于网络化存储的是网络接入存储（Network Attached Storage，NAS）和存储区域网络（Storage Area Network，SAN）。

■ **参考答案**　(7) D

5.4 安全设备

5.4.1 防火墙

知识点综述

防火墙（FireWall）是网络关联的重要设备，用于控制网络之间的通信。外部网络用户的访问必须先经过安全策略过滤，而内部网络用户对外部网络的访问则无须过滤。现在的防火墙还具有隔离网络、提供代理服务、流量控制等功能。

目前该类知识点属于**重要**考点。

参考题型

● 防火墙作为一种被广泛使用的网络安全防御技术，其自身有一些限制，它不能阻止 __(1)__ 。

    A．内部威胁和病毒威胁　　　　　　　　B．外部攻击

    C．外部攻击、外部威胁和病毒威胁　　　D．外部攻击和外部威胁

    ■ **试题分析**　防火墙指的是一个由软件和硬件设备组合而成、在内部网和外部网之间、专用网与公共网之间的界面上构造的保护屏障，是一种获取安全性方法的形象说法。它是一种计算机硬件和软件的结合，使 Internet 与 Intranet 之间建立起一个安全网关（Security Gateway），从而保护内部网免受非法用户的侵入。防火墙主要由服务访问规则、验证工具、包过滤和应用网关四个部分组成，防火墙就是一个位于计算机和它所连接的网络之间的软件或硬件。该计算机流入流出的所有网络通信和数据包均要经过此防火墙。这是防火墙所处网络位置特性，同时也是一个前提。因为只有当防火墙是内、外部网络之间通信的唯一通道，才可以全面、有效地保护企业网内部网络不受侵害。

    防火墙自身有一些限制，它不能阻止内部威胁和病毒威胁。

    ■ **参考答案**　（1）A

● 以下不属于网络安全控制技术的是 __(2)__ 。

    A．防火墙技术　　　　B．访问控制　　　　C．入侵检测技术　　D．差错控制

    ■ **试题分析**　网络安全控制就是有效保证数据安全传输的技术，包括防火墙、入侵检测、访问控制。差错控制可以提高可靠性，但不属于网络安全控制技术。

    此类型的知识点在历次考试中考查过多次。

    ■ **参考答案**　（2）D

● 包过滤技术防火墙在过滤数据包时，一般不关心 __(3)__ 。

    A．数据包的源地址　　　　　　　　　　B．数据包的协议类型

    C．数据包的目的地址　　　　　　　　　D．数据包的内容

    ■ **试题分析**　包过滤防火墙主要针对 OSI 模型中的网络层和传输层的信息进行分析。通常包过滤防火墙用来控制 IP、UDP、TCP、ICMP 和其他协议。包过滤防火墙对通过防火墙的数据包进行检查，只有满足条件的数据包才能通过，对数据包的**检查内容**一般包括**源地址、目的地址和协议**。

包过滤防火墙通过规则（如 ACL）来确定数据包是否能通过。配置了 ACL 的防火墙可以看成包过滤防火墙。

此知识点在历次考试中考查过多次。

■ **参考答案**   （3）D

● 应用代理防火墙的主要优点是__(4)__。

A．加密强度高   B．安全控制更细化、更灵活
C．安全服务的透明性更好   D．服务对象更广泛

■ **试题分析**   代理服务器（Proxy Server），又称应用代理防火墙。

代理服务器的优点有：安全控制更细化、更灵活，共享 IP 地址、缓存功能提高访问速度、信息转发、过滤和禁止某些通信，提升上网效率、隐藏内部网络细节以提高安全性、监控用户行为、避免来自 Internet 上病毒的入侵、提高访问某些网站的速度、突破对某些网站的访问限制。

■ **参考答案**   （4）B

● 防火墙的经典体系结构主要有三种，图 5-2 给出的是__(5)__体系结构。

图 5-2   试题用图

A．双重宿主主机   B．（被）屏蔽主机
C．（被）屏蔽子网   D．混合模式

■ **试题分析**   （被）屏蔽子网由 DMZ 网络、外部路由器、内部路由器以及堡垒主机构成防火墙系统。

■ **参考答案**   （5）C

● 能有效控制内部网络和外部网络之间的访问及数据传输，从而达到保护内部网络的信息不受外部非授权用户的访问和对不良信息的过滤的安全技术是__(6)__。

　　A．入侵检测　　　　　　　B．反病毒软件　　C．防火墙　　　　D．计算机取证

　■ **试题分析**　防火墙能有效控制内部网络和外部网络之间的访问及数据传输，从而达到保护内部网络的信息不受外部非授权用户的访问和对不良信息的过滤的安全技术。

　■ **参考答案**　（6）C

● 当防火墙在网络层实现信息过滤与控制时，主要针对 TCP/IP 协议中的 IP 数据包头制定规则匹配条件并实施过滤，该规则的匹配条件不包括　　(7)　　。

　　A．IP 源地址　　　　　　　B．源端口　　　　　C．IP 目的地址　　D．协议

　■ **试题分析**　当防火墙在网络层实现信息过滤与控制时，主要是针对 TCP/IP 协议中的 IP 数据包头部制定规则的匹配条件并实施过滤，其规则的匹配条件包括以下内容：

- IP 源地址：IP 数据包的发送主机地址。
- IP 目的地址：IP 数据包的接收主机地址。
- 协议：IP 数据包中封装的协议类型，包括 TCP、UDP 或 ICMP 包等。

　■ **参考答案**　（7）B

● 防火墙的安全规则由匹配条件和处理方式两部分组成。当网络流量与当前的规则匹配时，就必须采用规则中的处理方式进行处理。其中，拒绝数据包或信息通过，并且通知信息源该信息被禁止的处理方式是　　(8)　　。

　　A．Accept　　　　　　　　B．Reject　　　　　C．Refuse　　　　　D．Drop

　■ **试题分析**　防火墙的安全规则中的处理方式主要包括以下几种：

- Accept：允许数据包或信息通过。
- Reject：拒绝数据包或信息通过，并且通知信息源该信息被禁止。
- Drop：直接将数据包或信息丢弃，并且不通知信息源。

　■ **参考答案**　（8）B

5.4.2　入侵检测与入侵防护

知识点综述

　　入侵检测（Intrusion Detection System，IDS）是从系统运行过程中产生的或系统所处理的各种数据中查找出威胁系统安全的因素，并可对威胁做出相应的处理，一般认为 **IDS 是被动防护**。

　　入侵防护（Intrusion Prevention System，IPS）：一种可识别潜在的威胁并迅速地做出应对的网络安全防范办法。一般认为 **IPS 是主动防护**。

　　目前该类知识点属于**一般**考点。

参考题型

● 入侵检测系统放置在防火墙内部所带来的好处是　　(1)　　。

　　A．减少对防火墙的攻击　　　　　　　　　B．降低入侵检测系统的误报率

　　C．增加对低层次攻击的检测　　　　　　　D．增加检测能力和检测范围

■ 试题分析　入侵检测系统（IDS）是一种主动的网络安全防护技术，它通过网络不同关键点监视网络数据（网络数据包、系统日志、用户活动的状态行为）以分析入侵行为的可能性。一旦发现入侵，立即告警和记录日志，并实施安全控制操作，以保证数据的机密性、完整性和可用性。

■ 参考答案　（1）B

● PDR模型是一种体现主动防御思想的网络安全模型，该模型中D表示　（2）　。

　A．Design（设计）　　　　　　　　B．Detection（检测）

　C．Defense（防御）　　　　　　　　D．Defend（保护）

■ 试题分析　入侵检测基本模型是PDR模型，是最早体现主动防御思想的一种网络安全模型。PDR模型包括**防护、检测、响应**三个部分。

　1）防护（Protection）用一切措施保护网络、信息以及系统的安全。包含的措施有加密、认证、访问控制、防火墙以及防病毒等。

　2）检测（Detection）了解和评估网络和系统的安全状态，为安全防护和响应提供依据。检测技术主要包括入侵检测、漏洞检测以及网络扫描等技术。

　3）响应（Response）现攻击企图或者攻击之后，系统及时地进行反应。响应在模型中占有相当重要的地位。

■ 参考答案　（2）B

● 入侵检测技术包括异常入侵检测和误用入侵检测。以下关于误用检测技术的描述中，正确的是　（3）　。

　A．误用检测根据对用户正常行为的了解和掌握来识别入侵行为

　B．误用检测根据掌握的关于入侵或攻击的知识来识别入侵行为

　C．误用检测不需要建立入侵或攻击的行为特征库

　D．误用检测需要建立用户的正常行为特征轮廓

■ 试题分析

　1）异常检测（也称基于行为的检测）：把用户习惯行为特征存入特征库，将用户当前行为特征与特征数据库中存放的特征比较，若偏差较大，则认为出现异常。

　2）误用检测：通常由安全专家根据对攻击特征、系统漏洞进行分析，然后手工编写相应的检测规则、特征模型。误用检测假定攻击者会按某种规则、针对同一弱点进行再次攻击。

■ 参考答案　（3）B

● Snort是一款开源的网络入侵检测系统，它能够执行实时流量分析和IP协议网络的数据包记录。以下不属于Snort配置模式的是　（4）　。

　A．嗅探　　　　　　　　　　　　　B．包记录

　C．分布式入侵检测　　　　　　　　D．网络入侵检测

■ 试题分析　Snort的配置有三个主要模式：嗅探、包记录和网络入侵检测。

■ 参考答案　（4）C

5.4.3 VPN

知识点综述

虚拟专用网络（Virtual Private Network，VPN）是在公用网络上建立专用网络的技术。由于整个 VPN 网络中的任意两个节点之间的连接并没有传统专网所需的端到端的物理链路，而是架构在公用网络服务商所提供的网络平台，所以称之为虚拟网。

目前该类知识点属于**重要**考点。

参考题型

● 以下关于 IPSec 协议的叙述中，正确的是 ___（1）___。

  A．IPSec 协议是解决 IP 协议安全问题的一种方案

  B．IPSec 协议不能提供完整性

  C．IPSec 协议不能提供机密性保护

  D．IPSec 协议不能提供认证功能

  ■ **试题分析**　Internet 协议安全性（Internet Protocol Security，IPSec）是通过对 IP 协议的分组进行加密和认证来保护 IP 协议的网络传输协议族（一些相互关联的协议的集合）。IPSec 工作在 TCP/IP 协议栈的网络层，为 TCP/IP 通信提供访问控制机密性、数据源验证、抗重放、数据完整性等多种安全服务。

  ■ **参考答案**　（1）A

● 以下关于隧道技术的说法不正确的是 ___（2）___。

  A．隧道技术可以用来解决 TCP/IP 协议的某种安全威胁问题

  B．隧道技术的本质是用一种协议来传输另外一种协议

  C．IPSec 协议中不会使用隧道技术

  D．虚拟专用网中可以采用隧道技术

  ■ **试题分析**　隧道技术是 VPN 在公用网建立一条数据通道（隧道），让数据包通过这条隧道传输。分为第二、三层隧道协议。第二层隧道协议是先把各种网络协议封装到 PPP 中，再把整个数据包装入隧道协议中。这种双层封装方法形成的数据包靠第二层协议进行传输。第二层隧道协议有 L2F、PPTP、L2TP 等。

  第三层隧道协议是把各种网络协议直接装入隧道协议中，形成的数据包依靠第三层协议进行传输。第三层隧道协议有 VTP、IPSec 等。IPSec（IP Security）是由一组 RFC 文档组成，定义了一个系统来提供安全协议选择、安全算法，确定服务所使用密钥等服务，从而在 IP 层提供安全保障。

  IPSec 的两种工作模式分别是**传输模式**和**隧道模式**。

  ■ **参考答案**　（2）C

● 以下关于 VPN 的叙述中，正确的是 ___（3）___。

  A．VPN 指的是用户通过公用网络建立的临时的、安全的连接

  B．VPN 指的是用户自己租用线路，和公共网络物理上完全隔离的、安全的线路

C．VPN 不能做到信息认证和身份认证

D．VPN 只能提供身份认证，不能提供数据加密的功能

■ **试题分析** VPN 是在公用网络上建立专用网络，进行加密通信。在企业网络中有广泛的应用。VPN 网关通过对数据包的加密和数据包目标地址的转换实现远程访问。由于传输的是私有信息，VPN 用户对数据的安全性都比较关心。

VPN 主要采用四项技术来保证安全，这四项技术分别是隧道技术（Tunneling）、加解密技术（Encryption & Decryption）、密钥管理技术（Key Management）、使用者与设备身份认证技术（Authentication）。

■ **参考答案** （3）A

● 通过具有 IPSec 功能的路由器构建 VPN 的过程中，用的应用模型是＿＿（4）＿＿。

A．隧道模型　　　　B．报名模式　　C．传输模式　　D．压缩模式

■ **试题分析** IPSec 有两种模式，即隧道模式和传输模式；传输模式只能适合 PC 到 PC 的场景；隧道模式可以适用于所有场景，隧道模式虽然可以适用于任何场景，但是隧道模式需要多一层 IP 头（通常为 20 字节长度）开销，所以在 PC 到 PC 的场景，建议还是使用传输模式。这里是通过路由器构建 VPN，显然不是 PC 到 PC 的场景，所以需要采用隧道模式。

■ **参考答案** （4）A

● 属于第二层的 VPN 隧道协议是＿＿（5）＿＿。

A．IPSec　　　　　B．PPTP　　　　C．GRE　　　　D．IPv4

■ **试题分析** VPN 主要隧道协议有 PPTP（第二层）、L2TP（第二层）、GRE（第三层）、IPsec（第三层）、SSL VPN（第四层）、TLS VPN（第四层）。

■ **参考答案** （5）B

● 虚拟专用网 VPN 是一种新型的网络安全传输技术，为数据传输和网络服务提供安全通道。VPN 架构采用的多种安全机制中，不包括＿＿（6）＿＿。

A．隧道技术　　　　B．信息隐藏技术　C．密钥管理技术　D．身份认证技术

■ **试题分析** 实现 VPN 的关键技术主要有隧道技术、加/解密技术、密钥管理技术和身份认证技术。

■ **参考答案** （6）B

● IPSec 协议可以为数据传输提供数据源验证、无连接数据完整性、数据机密性、抗重播等安全服务。其实现用户认证采用的协议是＿＿（7）＿＿。

A．IKE 协议　　　　B．ESP 协议　　　C．AH 协议　　　D．SKIP 协议

■ **试题分析** SKIP 协议是服务于面向无会话的数据报协议,如 IPv4 和 IPv6 的密钥管理机制，它是基于内嵌密钥的密钥管理协议。

认证头（Authentication Header，AH）是 IPSec 体系结构中的一种主要协议，它为 IP 数据报提供完整性检查与数据源认证，并防止重放攻击。

■ **参考答案** （7）C

● IPSec 属于__(8)__的安全解决方案。

    A. 网络层   B. 传输层   C. 应用层   D. 物理层

   ■ **试题分析** IPSec 协议在隧道外面再封装，保证了隧道在传输过程中的安全。该协议是第 3 层隧道协议。

   ■ **参考答案** （8）A

● 以下关于虚拟专用网 VPN 的描述错误的是__(9)__。

    A. VPN 不能在防火墙上实现   B. 链路加密可以用来实现 VPN

    C. IP 层加密可以用来实现 VPN   D. VPN 提供机密性保护

   ■ **试题分析** 现在的防火墙很多都自带 VPN 功能。

   ■ **参考答案** （9）A

5.4.4　网络协议分析与流量监控工具

知识点综述

网络协议分析与流量监控工具是一个能帮助网络管理者捕获和解析网络中的数据，从而得到网络现状（性能、负载、安全情况、流量趋势、用户行为模式）的工具。

对网络流量状况（流量、吞吐量、延迟、流量故障、带宽）的监控，可以为管理员提供网络负载监控、网络性能分析、网络纠错、网络优化、网络业务质量分析、流量计费、入侵检测等功能。

目前该类知识点属于**重要**考点。

参考题型

● 深度流检测技术就是以流为基本研究对象，判断网络流是否异常的一种网络安全技术，其主要组成部分通常不包括__(1)__。

    A. 流特征选择   B. 流特征提供   C. 分类器   D. 响应

   ■ **试题分析** 流量监控的基础是协议分析。主要的方法有端口识别、DPI、DFI。

1）端口识别：根据 IP 包头中"五元组"的信息（源地址、目的地址、源端口、目的端口以及协议类型）进行分析，从而确定流量信息。随着网上应用类型的不断丰富，仅从 IP 的端口信息并不能判断流量中的应用类型，更不能判断开放端口、随机端口甚至采用加密方式进行传输的应用类型。

2）深度包检测（Deep Packet Inspection，DPI）：DPI 技术在分析包头的基础上，增加了对应用层的分析，是一种基于应用层的流量检测和控制技术。当 IP 数据包、TCP 或 UDP 数据流经过安装 DPI 的系统时，该系统通过深入读取 IP 包载荷的内容来对 OSI 7 层协议中的应用层信息进行重组，从而得到应用所使用的协议和特点。

3）深度流检测（Deep/Dynamic Flow Inspection，DFI）：DFI 采用的是基于流量行为的应用识别技术，即不同的应用类型体现在会话连接或数据流上的状态各有不同。例如，IP 语音流量特点为一般在 130～220byte，连接速率较低，同时会话持续时间较长；P2P 下载应用的流量特点为平均包长都在 450byte 以上、下载时间长、连接速率高、首选传输层协议为 TCP 等。

深度流检测技术其主要组成部分通常包括流特征选择、流特征提供、分类器等。

该知识点考查过多次。

■ **参考答案**　（1）D

● 以下关于网络流量监控的叙述中，不正确的是　（2）　。

　A．流量检测中所检测的流量通常采集自主机节点、服务器、路由器接口和路径等

　B．数据采集探针是专门用于获取网络链路流量的硬件设备

　C．流量监控能够有效实现对敏感数据的过滤

　D．网络流量监控分析的基础是协议行为解析技术

■ **试题分析**　硬件探针是一种获取网络流量的硬件设备，将它串接在需要监控流量的链路上，分析链路信息从而得到流量信息。一个硬件探针可以监听单个子网的流量信息，全网流量分析则需部署多个探针。这种方式受限于探针接口速率，因此合适做单链路流量分析。

网络流量监控分析的基础是协议识别技术，流量监控并不能有效实现敏感数据的过滤。

■ **参考答案**　（2）C

● 网络流量是单位时间内通过网络设备或传输介质的信息量。网络流量状况是网络中的重要信息，利用流量监测获得的数据，不能实现的目标是　（3）　。

　A．负载监测　　　　　B．网络纠错　　　C．日志监测　　　D．入侵检测

■ **试题分析**　网络流量状况是网络中的重要信息，利用流量监测获得的数据，不能实现的目标是日志监测。

■ **参考答案**　（3）C

5.5　无线网络安全

知识点综述

本节知识点包含 WPKI、WEP、IEEE 802.11i、WAPI、无线个域网安全等知识。这些知识往往混合起来进行系统的、综合性的考查。

目前该类知识点属于**重要**考点。

参考题型

● 国家密码管理局于 2006 年发布了"无线局域网产品须使用的系列密码算法"，其中规定密钥协商算法应使用的是　（1）　。

　A．DH　　　　　　　B．ECDSA　　　　C．ECDH　　　　D．CPK

■ **试题分析**　国家密码管理局于 2006 年 1 月 6 日发布公告，公布了"无线局域网产品须使用的系列密码算法"，包括：

　1）对称密码算法：SMS4（原 SM4）。

　2）签名算法：ECDSA。

　3）密钥协商算法：ECDH。

信息安全工程师考前冲刺100题

4）杂凑算法：SHA-256。

5）随机数生成算法：自行选择。

其中，ECDSA和ECDH密码算法须采用国家密码管理局指定的椭圆曲线和参数。

■ 参考答案 （1）C

● Wi-Fi网络安全接入是一种保护无线网络安全的系统，WPA加密模式不包括__(2)__。

    A. WPA和WPA2   B. WPA-PSK   C. WEP   D. WPA2-PSK

■ 试题分析 IEEE 802.11i包含WPA和WPA2两个标准。

1）Wi-Fi网络安全接入（Wi-Fi Protected Access，WPA）：WPA是IEEE 802.11i的子集，并向前兼容WEP。WPA使用了加强的生成加密密钥的算法，并加入了WEP中缺乏的用户认证。WPA中的用户认证是结合了802.1x和扩展认证协议（Extensible Authentication Protocol，EAP）来实现的。

2）WPA2：WPA2则是WPA升级，使用了更为安全的加密算法CCMP。

WPA认证方式有WPA、WPA-PSK、WPA2、WPA2-PSK。

该题涉及的知识被重复考查过。

■ 参考答案 （2）C

● WPKI（无线公开密钥体系）是基于无线网络环境的一套遵循既定标准的密钥及证书管理平台，该平台采用的加密算法是__(3)__。

    A. SM4   B. 优化的RSA加密算法

    C. SM9   D. 优化的椭圆曲线加密算法

■ 试题分析 WPKI采用了优化的ECC椭圆曲线加密和X.509数字证书；采用证书管理公钥，通过第三方的可信任机构——认证中心（CA）验证用户的身份，从而实现信息的安全传输。

■ 参考答案 （3）D

● 有线等效保密协议WEP采用RC4流技术实现保密性，标准的64位标准流WEP用的密钥和初始向量长度分别是__(4)__。

    A. 32位和32位   B. 48位和16位   C. 56位和8位   D. 40位和24位

■ 试题分析 WEP采用的是RC4算法，使用40位或64位密钥，有些厂商将密钥位数扩展到128位（WEP2）。标准的64位标准流WEP使用的密钥和初始向量长度分别是40位和24位。

■ 参考答案 （4）D

● 我国制定的关于无线局域网安全的强制标准是__(5)__。

    A. IEEE 802.11i   B. WPA   C. WAPI   D. WEP

■ 试题分析 无线局域网鉴别和保密基础结构（Wireless LAN Authentication and Privacy Infrastructure，WAPI），是一种安全协议，同时也是中国无线局域网安全强制性标准。WAPI是一种认证和私密性保护协议，其作用类似于WEP，但是能提供更加完善的安全保护。

IEEE 802.11i是美国提出的无线安全标准。

■ 参考答案 （5）C

● 无线局域网鉴别和保密体系WAPI是我国无线局域网安全强制性标准，以下关于WAPI的描述，

5
Chapter

108

正确的是　 (6) 。

A．WAPI 从应用模式上分为单点式、分布式和集中式

B．WAPI 与 WIFI 认证方式类似，均采用单向加密的认证技术

C．WAPI 包括 WAI 和 WPI 两部分，其中 WAI 采用对称密码算法实现加、解密操作

D．WAPI 的密钥管理方式包括基于证书和基于预共享密钥两种方式

■ **试题分析**　WAPI 鉴别及密钥管理的方式有两种，即基于证书和基于预共享密钥 PSK。若采用基于证书的方式，整个过程包括证书鉴别、单播密钥协商与组播密钥通告；若采用预共享密钥的方式，整个过程则为单播密钥协商与组播密钥通告。

该题所涉及的知识被重复考查过。

■ **参考答案**　 (6) D

● 无线传感器网容易受到各种恶意攻击，以下关于其防御手段的说法错误的是　 (7) 。

A．采用干扰区内节点切换频率的方式抵御干扰

B．通过向独立多路径发送验证数据来发现异常节点

C．利用中心节点监视网络中其他所有节点来发现恶意节点

D．利用安全并具有弹性的时间同步协议对抗外部攻击和被俘获节点的影响

■ **试题分析**　无线传感器网容易受到各种恶意攻击，其防御手段有采用干扰区内节点切换频率的方式抵御干扰，通过向独立多路径发送验证数据来发现异常节点，利用安全并具有弹性的时间同步协议对抗外部攻击和被俘获节点的影响。

中心节点能监视方案中，如果破解了网络中的节点，然后对网络进行偷窥，就没办法发现恶意节点了。

■ **参考答案**　 (7) C

● 对无线网络的攻击可以分为对无线接口的攻击、对无线设备的攻击和对无线网络的攻击。以下属于对无线设备攻击的是　 (8) 。

A．窃听　　　　　B．重放　　　　　C．克隆　　　　　D．欺诈

■ **试题分析**　克隆、盗窃都是针对无线设备攻击。典型的有克隆 SIM 卡攻击。

■ **参考答案**　 (8) C

● 无线传感器网络 WSN 是由部署在监测区域内大量的廉价微型传感器节点组成，通过无线通信方式形成的一个多跳的自组织网络系统。以下针对 WSN 安全问题的描述中，错误的是　 (9) 。

A．通过频率切换可以有效抵御 WSN 物理层的电子干扰攻击

B．WSN 链路层容易受到拒绝服务攻击

C．分组密码算法不适合在 WSN 中使用

D．虫洞攻击是针对 WSN 路由层的一种网络攻击形式

■ **试题分析**　WSN 的媒体访问控制子层很容易受到拒绝服务攻击。虫洞攻击通常是由两个以上的恶意节点共同合作发动攻击，两个处于不同位置的恶意节点会互相把收到的绕路信息，经由私有的通信管道传给另一个恶意节点。

WSN 结合序列密码和分组密码实现安全保障。

■ **参考答案** （9）C

5.6 网络安全协议

5.6.1 RADIUS

知识点综述

远程用户拨号认证系统（Remote Authentication Dial In User Service，RADIUS）是目前应用最广泛的授权、计费和认证协议。

目前该类知识点属于**零星**考点。

参考题型

● RADIUS 协议承载于 __(1)__ 协议之上。

    A．TCP   B．UDP   C．IP   D．ICMP

■ **试题分析** RADIUS 协议承载于 UDP 协议之上，官方指定端口号为认证授权端口为 1812、计费端口为 1813。

■ **参考答案** （1）B

5.6.2 SSL、TLS

知识点综述

安全套接层（Secure Sockets Layer，SSL）协议是一个安全传输、保证数据完整的安全协议，之后的传输层安全（Transport Layer Security，TLS）是 SSL 的非专有版本。SSL 协议结合了对称密码技术和公开密码技术，提供秘密性、完整性、认证性服务。

目前该类知识点属于**一般**考点。

参考题型

● 以下关于安全套接层协议（SSL）的叙述中，错误的是 __(1)__ 。

    A．SSL 是一种应用层安全协议   B．SSL 为 TCP/IP 连接提供数据加密

    C．SSL 为 TCP/IP 连接提供服务器认证   D．SSL 提供数据安全机制

■ **试题分析** SSL 处于应用层和传输层之间，是一个两层协议。

SSL 协议结合了对称密码技术和公开密码技术，提供秘密性、完整性、认证性服务。

■ **参考答案** （1）A

● SSL 协议是对称密码和公钥密码技术相结合的协议，该协议不能提供的安全服务是 __(2)__ 。

    A．保密性   B．可用性   C．完整性   D．可认证性

■ **试题分析** SSL 协议结合了对称密码技术和公开密码技术，提供秘密性、完整性、认证性服务。但不能提供系统的可用性。

■ **参考答案**　（2）B

● SSL 协议（安全套接层协议）是 Netscape 公司推出的一种安全通信协议，以下服务中，SSL 协议不能提供的是 　(3)　。

　A．用户和服务器的合法性认证服务　　　　B．加密数据服务以隐藏被传输的数据

　C．维护数据的完整性　　　　　　　　　　D．基于 UDP 应用的安全保护

　■ **试题分析**　SSL 处于应用层和传输层之间，是一个两层协议。所以不能提供基于 UDP 应用的安全保护。

　■ **参考答案**　（3）D

5.6.3　HTTPS 与 S-HTTP

知识点综述

超文本传输协议（Hypertext Transfer Protocol over Secure Socket Layer，HTTPS），是以安全为目标的 HTTP 通道，简单讲是 HTTP 的安全版。**它使用 SSL 来对信息内容进行加密**，使用 TCP 的443 端口发送和接收报文。其使用语法与 HTTP 类似，使用 "HTTPS:// + URL" 形式。

安全超文本传输协议（Secure Hypertext Transfer Protocol，S-HTTP）是一种面向安全信息通信的协议，是 EIT 公司结合 HTTP 设计的一种消息安全通信协议。S-HTTP 可提供通信保密、身份识别、可信赖的信息传输服务及数字签名等。

目前该类知识点属于**零星**考点。

参考题型

● 网站的安全协议是 HTTPS 时，该网站浏览时会进行 　(1)　 处理。

　A．增加访问标记　　　B．加密　　　C．身份隐藏　　　D．口令验证

　■ **试题分析**　超文本传输协议（Hypertext Transfer Protocol over Secure Socket Layer，HTTPS），是以安全为目标的 HTTP 通道，简单讲是 HTTP 的安全版。**它使用 SSL 来对信息内容进行加密**，使用 TCP 的 443 端口发送和接收报文。

　■ **参考答案**　（1）B

5.6.4　S/MIME

知识点综述

S/MIME（Secure/Multipurpose Internet Mail Extension）使用了 RSA、SHA-1、MD5 等算法，是互联网 E-mail 格式标准 MIME 的安全版本。

S/MIME 用来支持邮件的加密。基于 MIME 标准，S/MIME 提供认证、完整性保护、鉴定及数据加密等服务。

目前该类知识点属于**零星**考点。

Chapter 5

参考题型

● 以下关于 S/MIME 的说法，不正确的是　(1)　。

　A．S/MIME 基于 RSA 算法，加强了互联网 E-mail 格式标准 MIME 的安全性

　B．PGP 和 S/MIME 都是 IETF 工作组推出的标准

　C．S/MIME 侧重于提供个人 E-mail 的安全性

　D．基于 MIME 标准，S/MIME 提供认证、完整性保护、鉴定及数据加密等服务

■ **试题分析**　S/MIME 基于 RSA 算法，加强了互联网 E-mail 格式标准 MIME 的安全性。PGP 和 S/MIME 都是 IETF 工作组推出的标准，但 S/MIME 侧重于作为商业和团体使用的工业标准，而 PGP 则倾向于为许多用户提供个人 E-mail 的安全性。

■ **参考答案**　（1）C

第**6**章
系统安全

本章考点知识结构图如图 6-1 所示。

图 6-1　考点知识结构图

6.1 计算机系统安全

6.1.1 安全的基本要素

知识点综述

该知识点主要考查密码学的基本概念，保密性、完整性、可用性等。虽然只是基本概念，但比较重要，上下午考试中都会涉及，考查的分值也不低。

目前该类知识点属于**重要**考点。

参考题型

● 未授权的实体得到了数据的访问权，这属于安全的　(1)　。

  A．机密性   B．完整性   C．合法性   D．可用性

  ■ **试题分析** 密码学的安全目标至少包含三个方面：

1）**保密性（Confidentiality）**：又称机密性，信息仅被合法用户访问（浏览、阅读、打印等），不被泄露给非授权的用户、实体或过程。

提高保密性的手段有：防侦察、防辐射、数据加密、物理保密等。

2）**完整性（Integrity）**：资源只有授权方或以授权的方式进行修改，所有资源没有授权则不能修改。保证数据完整性，就是保证数据不能被偶然或者蓄意的编辑（修改、插入、删除、排序）或者攻击（伪造、重放）。

影响完整性的因素有：故障、误码、攻击、病毒等。

3）**可用性（Availability）**：资源只有在适当的时候被授权方访问，并按需求使用。

保证可用性的手段有身份识别与确认、访问控制等。

  ■ **参考答案** （1）A

● 在信息安全防护体系设计中，保证"信息系统中数据不被非法修改、破坏、丢失等"是为了达到防护体系的　(2)　目标。

  A．可用性   B．保密性   C．可控性   D．完整性

  ■ **试题分析** 保证"信息系统中数据不被非法修改、破坏、丢失等"是为了达到防护体系的完整性目标。

  ■ **参考答案** （2）D

● 从安全属性对各种网络攻击进行分类，阻断攻击是针对　(3)　的攻击。

  A．机密性   B．可用性

  C．完整性   D．真实性

  ■ **试题分析** 阻断攻击是针对可用性的攻击。该攻击针对计算机或网络系统，使得其资源变得不可用或不能用。

  ■ **参考答案** （3）B

● 如果未经授权的实体得到了数据的访问权，这属于破坏了信息的__(4)__。

　A．可用性　　　　　　　B．完整性　　　　C．机密性　　　　D．可控性

　■ 试题分析　机密性：保证信息不泄露给未经授权的进程或实体，只供授权者使用。

　■ 参考答案　（4）C

● 确保信息仅被合法实体访问，而不被泄露给非授权的实体或供其利用的特性是指信息的__(5)__。

　A．完整性　　　　　　　B．可用性　　　　C．保密性　　　　D．不可抵赖性

　■ 试题分析　保密性：信息仅被合法用户访问（浏览、阅读、打印等），不被泄露给非授权的用户、实体或过程。

　■ 参考答案　（5）C

6.1.2　可靠性

知识点综述

　可靠性涉及的概念有平均无故障时间（MTTF）、平均修复时间（MTTR）、平均失效间隔（Mean Time Between Failure，MTBF）、失效率、串并联系统的可靠性、容灾等。

　目前该类知识点属于**零星考点**。

参考题型

● 容灾的目的和实质是__(1)__。

　A．实现对系统数据的备份　　　　　B．提升用户的安全预期

　C．保持信息系统的业务持续性　　　D．信息系统的必要补充

　■ 试题分析　容灾系统是指在相隔较远的异地，建立两套以上功能相同的系统，各系统之间相互监视健康状态便于进行切换，当一处系统因意外（如火灾、地震等）停止工作时，整个应用系统可以切换到另一处，使得该系统功能可以继续正常工作。

　容灾的目的和实质是保持信息系统的业务持续性。

　■ 参考答案　（1）C

● 设备 A 的可用性为 0.98，如下图所示将设备 A 并联以后的可用性为__(2)__。

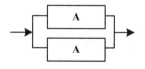

　A．0.9604　　　　　B．0.9800　　　　C．0.9996　　　　D．0.9999

　■ 试题分析　并联系统可用性公式为 $R=1-(1-R1)\times(1-R2)\times\cdots\cdots\times(1-Rn)$

其中，$R1$ 和 $R2$ 均为 0.02，则 $R=1-0.02\times0.02=0.9996$。

　■ 参考答案　（2）C

6.1.3　检错与纠错

知识点综述

通信链路都不是完全理想的。比特在传输的过程中可能会产生**比特差错**，即 1 可能会变成 0，0 也可能变成 1。本类知识包含海明码、CRC 编码等。

目前该类知识点属于**零星**考点。

参考题型

● 以下关于校验码的叙述中，正确的是　(1)　。

　　A．海明码利用多组数位的奇偶性来检错和纠错

　　B．海明码的码距必须大于或等于 1

　　C．循环冗余校验码具有很强的检错和纠错能力

　　D．循环冗余校验码的码距必定为 1

　　■ **试题分析**　海明码是一种多重奇偶检错系统。A 选项正确。

海明码具有检错和纠错的功能，而为确保纠错和检错，码距必然大于或等于 3。

循环冗余校验码只能检错，不能纠错，能检查 r 位错误，所以码距大于 1。

　　■ **参考答案**　(1) A

6.1.4　计算机系统结构的安全

知识点综述

计算机系统安全是指为了保证计算机信息系统安全可靠运行,确保计算机信息系统在对信息进行采集、处理、传输、存储过程中，不致受到人为（包括未授权使用计算机资源的人）或自然因素的危害，而使信息丢失、泄露或破坏，对计算机设备、设施（包括机房建筑、供电、空调等）、环境人员等采取适当的安全措施。

计算机系统安全涉及的知识有数学、通信、计算机、法律、心理学、社会学等。计算机系统安全研究方向可以分为基础理论研究、应用技术研究、安全管理研究等几类。

目前该类知识点属于**零星**考点。

参考题型

● 系统安全的研究大致可以分为基础理论研究、应用技术研究、安全管理研究等。　(1)　不属于安全管理研究。

　　A．安全实现技术　　　　B．安全标准研究　C．安全策略研究　D．安全测评研究

　　■ **试题分析**　计算机系统安全是一门交叉学科，涉及多方面的理论和应用知识。除了数学、通信、计算机等自然科学外，还涉及法律、心理学等社会科学。对系统安全的研究大致可以分为基础理论研究、应用技术研究、安全管理研究等。

基础理论研究包括密码研究、安全理论研究；应用技术研究包括安全实现技术、安全平台技术研究；安全管理研究包括安全标准、安全策略、安全测评等研究。

- **参考答案** （1）A

6.1.5　物理安全

知识点综述

物理安全为了保证计算机系统安全、可靠地运行，确保系统在对信息进行采集、传输、存储、处理、显示、分发和利用的过程中不会受到人为或自然因素的危害而使信息丢失、泄露和破坏，对计算机系统设备、通信与网络设备、存储媒体设备和人员所采取的安全技术措施。

物理安全技术是指对计算机及网络系统的环境、场地、设备、通信线路等采取的安全技术措施。

目前该类知识点属于**一般**考点。

参考题型

- 不属于物理安全威胁的是　（1）　。

　A．自然灾害　　　　　　　　　　B．物理攻击

　C．硬件故障　　　　　　　　　　D．系统安全管理人员培训不够

- **试题分析**　物理安全威胁主要是自然威胁（如地震、洪水）、设施系统安全威胁（如火宅、漏电、电磁泄漏）和人为政治事件（如暴动、恐怖袭击），不包括人员培训不够。

该题涉及的知识点考查过多次。

- **参考答案**　（1）D

- 物理安全是计算机信息系统安全的前提，物理安全主要包括场地安全、设备安全和介质安全。以下属于介质安全的是　（2）　。

　A．抗电磁干扰　　　　　　　　　B．防电磁信息泄露

　C．磁盘加密技术　　　　　　　　D．电源保护

- **试题分析**　介质安全：指介质数据和介质本身的安全。包括磁盘信息加密技术和磁盘信息清除技术。

- **参考答案**　（2）C

6.1.6　人员安全

知识点综述

人员安全管理是提高系统安全的最为有效的一种手段。人员安全管理首先应建立正式的安全管理组织机构，然后委任并授权安全管理机构负责人负责安全管理的权力，负责安全管理工作的组织和实施。人员安全管理按受聘前、在聘中、离职三个时间段来实施。

目前该类知识点属于**零星**考点。

参考题型

- 人员安全管理按受聘前、在聘中、离职三个时间段来实施。其中　（1）　属于离职管理的内容。

　A．考查教育、工作背景　　　　　B．签订保密协议、进行定期考核和评价

　C．收回权限　　　　　　　　　　D．考查信用记录、犯罪记录等背景

■ **试题分析** 人员安全管理按受聘前、在聘中、离职三个时间段来实施。

1）受聘前：考查教育、工作、信用记录、犯罪记录等背景。

2）在聘中：签订保密协议，并实施访问控制、进行定期考核和评价。

3）离职：离职谈话，收回权限，签订离职协议。

■ **参考答案** （1）C

6.2 操作系统安全

6.2.1 操作系统的安全威胁

知识点综述

操作系统的安全威胁是指这样一种可能性，即对于一定的输入，经过系统处理，产生了危害系统安全的输出。

目前该类知识点属于**零星**考点。

参考题型

● 计算机系统的安全级别分为四级：D、C（C1、C2）、B（B1、B2、B3）和 A。其中被称为选择保护级的是 （1） 。

  A. C1   B. C2   C. B1   D. B2

■ **试题分析** C1 级：自主安全保护级（选择性保护级），能够实现对用户和数据的分离，进行自主存取控制，数据保护以用户组为单位。

■ **参考答案** （1）A

6.2.2 安全模型

知识点综述

安全模型用于精确和形式地描述信息系统的安全特征，以及用于解释系统安全相关行为的理由。

目前该类知识点属于**零星**考点。

参考题型

● 完整性模型是常见的安全模型， （1） 不属于完整性模型。

  A. BLP 模型   B. Biba 模型

  C. Clark-Wilson 模型   D. DTE 模型

■ **试题分析** 完整性模型是常见的安全模型，BLP 模型属于状态机模型，但不属于完整性模型。

常见的安全模型见表 6-1。

表 6-1　常见的安全模型

模型名称		特点
状态机模型		状态机模型是用状态语言将安全系统描绘成抽象的状态机,用状态变量表示系统的状态,用转换规则描述变量变化的过程。典型的状态机模型有访问控制矩阵
	BLP 模型（Bell-LaPadula 模型）	最早、最常用的多级安全模型,也属于状态机模型。BLP 形式化地定义了系统、系统状态以及系统状态间的转换规则;定义了安全概念;制定了一组安全特性,并用于对系统状态和状态转换规则的限制。 如果系统初始状态安全,并且所经过的一系列转换规则都保持安全,那么该系统是安全的
信息流模型		主要着眼于对客体之间的信息传输过程的控制。模型根据客体的安全属性决定主体对信息的存取操作是否可行。可用于寻找隐蔽通道
无干扰模型		设有使用某一命令集的两组用户,一组用户使用这些命令所得到的结果,不影响另一组用户能访问的数据
不可推断模型		低安全等级用户无法推断出高安全等级用户的行为
完整性模型	Biba 模型	Biba 采用 BLP 类似的规则保护信息完整。能够防止数据从低完整性级别流向高完整性级别
	Clark-Wilson 模型	模型采用良构事务和职责分散两类处理机制来保护数据完整性。 ● 良构事务处理机制:不让用户随意修改数据。 ● 职责分散:需将任务分解多步,并由多人完成。验证某一行为的人不能同时是被验证行为人
	DTE 模型	域类型增强（Domain and Type Enforcement）模型通过赋予文件不同的类型、赋予进程不同的域来进行有一定策略的访问控制。DTE 模型作为实现信息完整性保护的模型
中国墙模型		允许主体访问,该主体所拥有的信息不发生冲突的信息

■ 参考答案　（1）A

6.2.3　访问控制

知识点综述

安全模型按机制可以分为访问控制模型、信息流模型等。

访问控制模型是从访问控制的角度描述安全系统,主要针对系统中主体对客体的访问及其安全控制。访问是使信息在主体和对象间流动的一种交互方式。信息流模型根据客体的安全属性决定主体对它的存取操作是否可行。

目前该类知识点属于**重要**考点。

参考题型

● 安全策略表达模型是一种对安全需求与安全策略的抽象概念模型,一般分为自主访问控制模型和强制访问控制模型。以下属于自主访问控制模型的是 __(1)__ 。

A. BLP 模型　　　　　　　　　　　　B. HRU 模型

C. BN 模型　　　　　　　　　　　　D. 基于角色的访问控制模型

■ **试题分析** 自主访问控制模型的典型代表有 Jones 取予模型（Take-Grant 模型）、HRU 模型（Harrison、Ruzzo、Ullman 访问控制矩阵模型）、动作—实体模型等。

强制访问控制的典型代表有基于角色的存取控制模型、Bell-LaPadula 模型（简称 BLP 模型）、Clark-Wilson 模型、BN 模型（Brewer Nash Chinese Wall 模型）等。

数据库安全领域，还有 Wood 模型、Smith Winslett 模型等。

此题涉及的知识点，曾经考查过多次。

■ **参考答案** （1）B

● Bell-LaPadula 模型（简称 BLP 模型）是最早的一种安全模型，也是最著名的多级安全策略模型，BLP 模型的简单安全特性是指 __(2)__ 。

A. 不可上读　　　B. 不可上写　　　C. 不可下读　　　D. 不可下写

■ **试题分析** BLP 模型有两条基本的规则：

1）简单安全特性规则。即主体只能向下读，不能向上读。

2）*特性规则。即主体只能向上写，不能向下写。

■ **参考答案** （2）A

● 强制访问控制（MAC）是一种不允许主体干涉的访问控制类型。根据 MAC 的安全级别，用户与访问的信息的读写关系有四种类型，其中能保证数据完整性的读写组合方式是 __(3)__ 。

A. 上读下写　　　　B. 上读上写　　　C. 下读下写　　　D. 下读上写

■ **试题分析** 上读下写方式保证了数据的完整性；上写下读方式则保证了信息的秘密性。

■ **参考答案** （3）A

● 访问控制是对信息系统资源进行保护的重要措施，适当的访问控制能够阻止未经授权的用户有意或者无意地获取资源。信息系统访问控制的基本要素不包括 __(4)__ 。

A. 主体　　　　　B. 客体　　　　　C. 授权访问　　　D. 身份认证

■ **试题分析** 访问控制涉及三个基本概念，即主体、客体和授权访问。

■ **参考答案** （4）D

● 强制访问控制（MAC）可通过使用敏感标签对所有用户和资源强制执行安全策略。MAC 中用户访问信息的读写关系包括下读、上写、下写和上读四种，其中用户级别高于文件级别的写操作是 __(5)__ 。

A. 下读　　　　　B. 上写　　　　　C. 下写　　　　　D. 上读

■ **试题分析** 多级安全模型中主体对客体的访问主要有四种方式：

1）向下读（read down）：主体级别高于客体级别时允许读操作。

2）向上读（read up）：主体级别低于客体级别时允许读操作。

3）向下写（write down）：主体级别高于客体级别时允许执行或写操作。

4）向上写（write up）：主体级别低于客体级别时允许执行或写操作。

■ **参考答案**　（5）C

6.2.4　操作系统安全机制

知识点综述

操作系统安全机制除了包含访问控制之外，还有鉴别、最小特权管理、运行保护、存储保护、可信通路、文件保护、安全审计等机制。

目前该类知识点属于**重要**考点。

参考题型

● 对日志数据进行审计检查，属于　（1）　类控制措施。

A．预防　　　　　　　B．检测　　　　　　C．威慑　　　　　D．修正

■ **试题分析**　对日志数据进行审计检查，属于检测类控制措施。

■ **参考答案**　（1）B

● 有一些信息安全事件是由于信息系统中多个部分共同作用造成的，人们称这类事件为"多组件事故"，应对这类安全事件最有效的方法是　（2）　。

A．配置网络入侵检测系统以检测某些类型的违法或误用行为

B．使用防病毒软件，并且保持更新为最新的病毒特征码

C．将所有公共访问的服务放在网络非军事区（DMZ）

D．使用集中的日志审计工具和事件关联分析软件

■ **试题分析**　有一些信息安全事件是由于信息系统中多个部分共同作用造成的，人们称这类事件为"多组件事故"，应对这类安全事件最有效的方法是使用集中的日志审计工具和事件关联分析软件。

■ **参考答案**　（2）D

● 审计系统包括　（3）　三大功能模块。

A．审计事件收集及过滤、审计事件记录及查询、审计事件分析及响应报警

B．审计书籍挖掘、审计事件记录及查询、审计事件分析及响应报警

C．系统日志采集与挖掘、安全时间记录及查询、安全响应报警

D．审计事件特征提取、审计事件特征匹配、安全响应报警

■ **试题分析**　审计系统包含三大功能模块：审计事件的收集及过滤、审计事件的记录及查询、审计事件分析及响应报警。

此题涉及的知识点曾经考查过多次。

■ **参考答案**　（3）A

● 文件加密就是将重要的文件以密文形式存储在媒介上，对文件进行加密是一种有效的数据加密存储技术。基于 Windows 系统的是　（4）　。

A．AFS　　　　　　　B．TCFS　　　　　C．CFS　　　　　D．EFS

■ **试题分析**　加密文件系统（Encrypting File System，EFS）是基于公钥的数据加/解密，使用

标准 X.509 证书，一个用户要访问一个已加密的文件，可以加密 NTFS 分区上的文件和文件夹，能够实时、透明地对磁盘上的数据进行加密，就必须拥有与文件加密公钥对应的私钥。

■ **参考答案** （4）D

6.2.5 安全操作系统

知识点综述

安全的操作系统能保证用户行为得到合适的权限控制,能为合法用户提供稳定的、合法的服务。目前该类知识点属于**零星**考点。

参考题型

● 按照形成安全威胁的途径来分，操作系统安全威胁可以有多种，其中，分配了过多的权限，这些额外权限可能被用来进行一些不希望的操作，对系统造成危害，这属于 （1） 威胁。

    A．不恰当的代码执行   B．不恰当的主体控制

    C．网络协议的安全漏洞   D．不合理的授权机制

■ **试题分析** 按照形成安全威胁的途径来分，操作系统安全威胁可以分为如下几类:

1）不合理的授权机制。最小特权原则是为完成某任务，只分配给用户必要的权限。如果分配了过多权限，则额外权限可能被用来进行一些非法的操作，对操作系统造成危害，这种授权机制便违反了最小特权原则。授权机制还要符合责任分离原则，将安全权限分散到各用户，避免集中，造成权力滥用。

2）不恰当的代码执行。如 C 程序中的缓冲区溢出问题、各类代码问题等。

3）不恰当的主体控制。如不恰当的控制主体的创建、删除行为。

4）不安全的进程间通信（IPC）。共享内存 IPC，存在数据存储的安全隐患。

5）网络协议的安全漏洞。

6）服务的不当配置。不当的系统安全配置，往往使得操作系统安全性大大下降。

■ **参考答案** （1）D

6.3 数据库安全

知识点综述

该类知识点包含数据库安全性、数据库完整性、数据库并发控制、数据库的备份与恢复、数据库访问控制、安全数据库标准、多级安全数据库等。

目前该类知识点属于**零星**考点。

参考题型

● 在缺省安装数据库管理系统 MySQL，root 用户拥有所有权限且是空口令，为了安全起见，必须为 root 用户设置口令，以下口令设置方法中，不正确的是 （1） 。

    A．使用 MySQL 自带的命令 mysqladmin 设置 root 口令

B．使用 set password 设置口令

C．登录数据库，修改数据库 mysql 下 user 表的字段内容设置口令

D．登录数据库，修改数据库 mysql 下的访问控制列表内容设置口令

■ **试题分析**　缺省安装数据库管理系统 MySQL 后，安全管理 MySQL 的方法有：设置 root 用户口令、删除默认数据库和数据库用户、改变 MySQL 默认管理员名称、修改用户口令、用户授权等。

1）设置 root 用户口令。

缺省安装 MySQL 后，root 用户拥有所有权限，且是空口令。为了安全起见，必须为 root 用户设置口令。设置 root 口令如下：

a. 使用 MySQL 的命令 mysqladmin 设置 root 口令。

% mysqladmin -u root password　'rootpassword'

b. 使用 set password 设置口令。

%mysql> SET password for root@localhost=PASSWORD('rootpassword');

c. 登录数据库，修改数据库 mysql 下 user 表的字段内容。

%mysql> use mysql;

%mysql> UPDATE user SET password=PASSWORD('rootpassword') WHERE user='root';

%mysql> FLUSH PRIVILEGES; //强制刷新内存授权表

2）删除默认数据库和数据库用户。

MySQL 初始化后会自动生成空用户和 test 数据库，可以用于安装过程的测试，但会威胁 MySQL 系统安全，需要全部删除，仅保留 root。删除的方法如下：

a. 删除 test 数据库。

%mysql> SHOW DATABASES;　　　　//显示所有数据库

%mysql> DROP DATABASE test;　　　//删除数据库 test

b. 删除非 root 用户。

%mysql> DELETE FROM user WHERE NOT (User='root');

c. 删除空口令的 root 用户。

%mysql> DELETE FROM user WHERE User='root' and password=";

%mysql> FLUSH PRIVILEGES;

3）改变 MySQL 默认管理员名称。MySQL 默认管理员名为 root，往往给攻击者提供便利，因此需要修改。

%mysql> UPDATE user SET User='newroot' WHERE User='root';　　//改成不易被猜测的用户名

%mysql> FLUSH PRIVILEGES;

4）修改用户口令。定期修改用户口令，防止口令泄露，导致非法访问数据库。

%mysql> use mysql;

%mysql> UPDATE user SET password=PASSWORD('newpassword') WHERE User='usemame' and Host='host';

5）用户授权。用户授权就是给予用户一定的数据库访问权限，主要使用 SQL 的 GRANT 语句进行授权。

■ **参考答案**　（1）D

6.4　嵌入式系统安全

6.4.1　智能卡

知识点综述

智能卡（Smart Card）：内嵌有微芯片的塑料卡的通称。智能卡通常包含微处理器、I/O 接口及内存，提供了资料的运算、存取控制及储存功能。

目前该类知识点属于**零星**考点。

参考题型

● 智能卡是指粘贴或嵌有集成电路芯片的一种便携式卡片塑胶，智能卡的片内操作系统（COS）是智能卡芯片内的一个监控软件，以下不属于 COS 组成部分的是　__(1)__ 。

　A．通信管理模块　　　B．数据管理模块　C．安全管理模块　D．文件管理模块

■ **试题分析**　智能卡又称智慧卡、聪明卡、集成电路卡，指指粘贴或嵌有集成电路芯片的一种便携式卡片塑胶。卡片包含了微处理器、I/O 接口及内存，提供了资料的运算、存取控制及储存功能，卡片的大小等。常见的有身份 IC 卡，一些交通票证和存储卡等。

智能卡目前主要的功能在于身份辨识和点数计算，其主要机理是运用内含微电脑系统对资料进行数学运算，确认其唯一性或者利用内建计数器（counter）替代成货币、红利点数等数字型的资料。

卡片内部运作除了硬件之外还有其软件，通常会需要一个核心 COS（Card Operating System）提供服务，其内部软件系统架构如下：硬件→COS→AP（Application）。

COS 一般由四部分组成：通信管理模块、安全管理模块、应用管理模块和文件管理模块。

■ **参考答案**　（1）B

● 智能卡的片内操作系统 COS 一般由通信管理模块、安全管理模块、应用管理摸块和文件管理模块四个部分组成。其中数据单元或记录的存储属于　__(2)__ 。

　A．通信管理模块　　　B．安全管理模块　C．应用管理模块　D．文件管理模块

■ **试题分析**　智能卡的片内操作系统 COS 一般由通信管理模块、安全管理模块、应用管理摸块和文件管理模块四个部分组成。其中数据单元或记录的存储属于文件管理模块。

■ **参考答案**　（2）D

6.4.2　USB Key

知识点综述

USB Key 是一种 USB 接口的硬件设备。它内置单片机或智能卡芯片，有一定的存储空间，可以存储用户的私钥以及数字证书。它采用软硬件相结合、一次一密的强双因子认证模式，很好地解决了安全性与易用性之间的矛盾。

目前该类知识点属于**零星**考点。

参考题型

● 以下关于 USB Key 身份认证特点的说法，错误的有 __(1)__ 。

A. 每一个 USB Key 都具有硬件 PIN 码保护，PIN 码和硬件构成了用户使用 USB Key 的两个必要因素，即所谓"双因子认证"。用户只有同时取得了 USB Key 和用户 PIN 码，才可以登录系统

B. USB Key 具有安全数据存储空间，可存储数字证书、用户密钥等秘密数据，对该存储空间的读写操作必须通过程序实现，用户无法直接读取

C. USB Key 内置 CPU 或智能卡芯片，可以实现 PKI 体系中使用的数据摘要、数据加解密和签名的各种算法，加解密运算在 USB Key 内进行，保证了用户密钥不会出现在计算机内存中

D. USB Key 的秘钥和证书可以通过导出方式导出，便于携带

■ **试题分析**　USB Key 密钥和证书不可导出。

■ **参考答案**　（1）D

6.4.3　工控系统安全

知识点综述

工业控制主要是指使用计算机技术、微电子技术、电气手段，使工厂的生产和制造过程更加自动化、效率化、精确化，并具有可控性及可视性。

随着计算机技术、通信技术和控制技术的发展，工业控制系统的结构从 CCS（计算机集中控制系统）到 DCS（分散控制系统），再到 FCS（现场总线控制系统）。

目前该类知识点属于**零星**考点。

参考题型

● 工控系统广泛应用于电力、石化、医药、航天等领域，已经成为国家关键基础设施的重要组成部分。作为信息基础设施的基础，电力工控系统安全面临的主要威胁不包括 __(1)__ 。

A．内部人为风险　　　B．黑客攻击　　　C．设备损耗　　　D．病毒破坏

■ **试题分析**　工业控制主要是指使用计算机技术、微电子技术、电气手段，使工厂的生产和制造过程更加自动化、效率化、精确化，并具有可控性及可视性。

工业控制面临的安全问题有外部黑客攻击、内部人为风险、安全策略和管理流程漏洞、病毒与恶意代码、操作系统安全漏洞、网络通信协议安全漏洞等。

针对上述问题，可采取的防范措施有部署安全方案、实施风险评估、加强制度和人员管理、部署防火墙、杀毒软件、物理隔离、实施产品认证、工控系统入侵检测与防护等。

■ **参考答案**　（1）C

6.4.4　智能终端安全

知识点综述

智能终端是一类嵌入式计算机系统设备；智能终端作为嵌入式系统的一个应用方向，其应用场

景设定较为明确，因此，其体系结构比普通嵌入式系统结构更加明确，粒度更细。

常见的智能终端有 PDA 智能终端、平板电脑、移动智能终端、车载智能终端、智能电视、可穿戴设备等。

常见的智能终端的软件系统有 Windows CE、Plam OS、Pocket PC、Windows Phone、安卓（Android）、iOS 等。

安卓的系统架构从上层到下层包括应用程序层、应用程序框架层、系统库和安卓运行时、Linux 内核。安卓的核心系统服务如安全性、内存管理、进程管理、网路协议以及驱动模型都依赖于 Linux 内核。

目前该类知识点属于**一般**考点。

参考题型

● 安卓的系统架构从上层到下层包括应用程序层、应用程序框架层、系统库和安卓运行时、Linux 内核。其中，文件访问控制的安全服务位于___（1）___。

A．应用程序层　　　　　　　　　B．应用程序架构层

C．系统库和安卓运行时　　　　　D．Linux 内核

■ 试题分析　安卓的系统架构从上层到下层包括应用程序层、应用程序框架层、系统库和安卓运行时、Linux 内核。安卓的核心系统服务如安全性、内存管理、进程管理、网路协议以及驱动模型都依赖于 Linux 内核。

■ 参考答案　（1）D

● 恶意软件是目前移动智能终端上被不法份子利用最多、对用户造成危害和损失最大的安全威胁类型。数据显示，目前安卓平台恶意软件主要有___（2）___四种类型。

A．远程控制木马、话费吸取、隐私窃取类和系统破坏类

B．远程控制木马、话费吸取、系统破坏类和硬件资源消耗类

C．远程控制木马、话费吸取、隐私窃取类和恶意推广

D．远程控制木马、话费吸取、系统破坏类和恶意推广

■ 试题分析　消耗硬件、破坏系统不是不法分子的主要目的。

■ 参考答案　（2）C

● Android 系统是一种以 Linux 为基础的开放源代码操作系统，主要用于便携智能终端设备。Android 采用分层的系统架构，从高层到低层分别是___（3）___。

A．应用程序层、应用程序框架层、系统运行库层和 Linux 内核层

B．Linux 内核层、系统运行库层、应用程序框架层和应用程序层

C．应用程序框架层、应用程序层、系统运行库层和 Linux 内核层

D．Linux 内核层、系统运行库层、应用程序层和应用程序框架层

■ 试题分析　Android 的系统架构分为四层，从高到低分别是 Android 应用层，Android 应用框架层，Android 系统运行层和 Linux 内核层。

■ 参考答案　（3）A

第**7**章

应用安全

本章考点知识结构图如图 7-1 所示。

图 7-1　考点知识结构图

7.1　Web 安全

知识点综述

该类知识包含 Web 安全威胁的防护技术、网页防篡改、内容安全等知识点。

目前该类知识点属于**零星**考点。

参考题型

● 网络管理员在对公司门户网站（www.onlineMall.com）巡检时，在访问日志中发现如下入侵记录：2018-07-10 21:07:44 202.197.1.1 访问 www.onlineMall.com/manager/html/start?path=<script> alert(/scanner) </script>

该入侵为___(1)___攻击，应配备___(2)___设备进行防护。

(1) A. 远程命令执行   B. 跨站脚本（XSS）

      C. SQL 注入   D. Http Heads

(2) A. 数据库审计系统   B. 堡垒机

      C. 漏洞扫描系统   D. Web 应用防火墙

■ **试题分析** 程序没有经过过滤等安全措施，则它将会很容易受到攻击，被植入了反射型的跨站脚本。即被植入了 "<script>alert(/scanner)</script>" 一段代码。对付这类攻击的办法就是部署 Web 应用防火墙（waf）。

■ **参考答案** (1) B (2) D

7.2 电子商务安全

7.2.1 电子商务的定义及安全需求

知识点综述

电子商务系统的安全问题除了包含计算机系统本身存在的安全隐患外，还包含了电子商务中数据的安全隐患和交易的安全隐患。

目前该类知识点属于**零星**考点。

参考题型

● 电子商务系统除了面临一般的信息系统所涉及的安全威胁之外，更容易成为黑客分子的攻击目标，其安全性需求普遍高于一般的信息系统。电子商务系统中的电子交易安全需求不包括___(1)___。

A. 交易的真实性   B. 交易的保密性和完整性

C. 交易的可撤销性   D. 交易的不可抵赖性

■ **试题分析** 商务交易安全则紧紧围绕传统商务在互联网络上应用时产生的各种安全问题，在网络安全的基础上，保障以电子交易和电子支付为核心的电子商务过程的顺利进行。即实现电子商务的真实性、保密性、完整性、可认证性、不可拒绝性、不可伪造性和不可抵赖性。

■ **参考答案** (1) C

● 下列说法中，错误的是___(2)___。

A. 数据被非授权地增删、修改或破坏都属于破坏数据的完整性

B. 抵赖是一种来自黑客的攻击

C. 非授权访问是指某一资源被某个非授权的人，或以非授权的方式使用

D. 重放攻击是指出于非法目的，将所截获的某次合法的通信数据进行拷贝而重新发送

■ **试题分析**　抵赖是指信息的发送方否认已经发送的信息。

■ **参考答案**　（2）B

7.2.2　电子商务体系结构

知识点综述

电子商务系统是支持商务活动的技术手段集合，涵盖企业内部的信息管理系统（MIS）、生产制造系统（MES）、企业资源规划（ERP）、供应链管理（SCM）、客户管理（CRM）、门户网站、电子支付与结算平台以及其他各类组件与接口。

电子商务系统是支撑企业运营的基础平台，是企业资源运行系统；电子商务系统是优化企业业务流程、降低经营成本的重要手段；电子商务系统对实时性、安全性要求较高。

典型的电子商务系统体系结构如图 7-2 所示，典型的电子商务系统安全架构如图 7-3 所示。

图 7-2　典型的电子商务系统体系结构

图 7-3　典型的电子商务系统安全架构

目前该类知识点属于**零星**考点。

参考题型

● 以下选项中，属于电子商务系统安全架构中的安全管理运维部分的是　（1）　。

　A. 交易安全　　　　　B. 安全评估　　　　C. 行为安全　　　　D. 服务安全

■ **试题分析**　电子商务系统安全架构中，安全运维包含安全治理、安全运维、安全评估、应急管理。

■ **参考答案**　（1）B

7.2.3　SET 协议

知识点综述

SET 协议是应用层的协议，是一种基于消息流的协议。

由于 SET 协议提供了消费者、商家和银行之间的认证，确保了交易数据的安全性、完整可靠性和交易的不可否认性，特别是保证不将消费者的银行卡号暴露给商家等优点，因此成为了目前公认的信用卡/借记卡网上交易的国际安全标准。

SET 协议本身比较复杂，设计比较严格，安全性高，它能保证信息传输的机密性、真实性、完整性和不可否认性。SET 协议是 PKI 框架下的一个典型实现。

目前该类知识点属于**重要**考点。

参考题型

● 数字信封技术能够　__(1)__　。

    A．对发送者和接收者的身份进行认证　　　　B．保证数据在传输过程中的安全性

    C．防止交易中的抵赖发送　　　　　　　　　D．隐藏发送者的身份

   ■ **试题分析**　数字信封：报文数据先使用一个随机产生的对称密钥加密，该密钥再用报文接收者的公钥进行加密，这称为报文的数字信封（Digital Envelope）。然后将加密后的报文和数字信封发给接收者。

   ■ **参考答案**　（1）B

● 安全电子交易协议 SET 是有 VISA 和 MasterCard 两大信用卡组织联合开发的电子商务安全协议。以下关于 SET 的叙述中，正确的是　__(2)__　。

    A．SET 是一种基于流密码的协议

    B．SET 不需要可信的第三方认证中心的参与

    C．SET 要实现的主要目标包括保障付款安全，确定应用的互通性和达到全球市场的可接受性

    D．SET 通过向电子商务各参与方发放验证码来确认各方的身份，保证网上支付的安全性

   ■ **试题分析**　SET 协议是应用层的协议，是一种基于消息流的协议。SET 要实现的主要目标包括保障付款安全，确定应用的互通性和达到全球市场的可接受性。

安全电子交易协议（Secure Electronic Transaction，SET）由威士（VISA）国际组织、万事达（MasterCard）国际组织创建，结合 IBM、Microsoft、Netscope、GTE 等公司制定的电子商务中安全电子交易的一个国际标准。SET 支付系统主要由持卡人（CardHolder）、商家（Merchant）、发卡行（Issuing Bank）、收单行（Acquiring Bank）、支付网关（Payment Gateway）、认证中心（Certificate Authority）六个部分组成。

SET 协议采用现代密码体制（公钥、对称密钥和哈希），不是用验证码来实现身份确认。

该题涉及的知识点曾多次考查到。

   ■ **参考答案**　（2）C

● 安全电子交易协议 SET 中采用的公钥密码算法是 RSA，采用的私钥密码算法是 DES，其所使用的 DES 有效密钥长度是　__(3)__　。

    A．48 位　　　　　　B．56 位　　　　　　C．64 位　　　　　　D．128 位

   ■ **试题分析**　DES 分组长度为 64 比特，使用 56 比特密钥对 64 比特的明文串进行 16 轮加密，得到 64 比特的密文串。其中，使用密钥为 64 比特，实际使用 56 比特，另外 8 比特用作奇偶校验。

■ **参考答案**　（3）B

7.3　信息隐藏

7.3.1　信息隐藏技术

知识点综述

常见的信息隐藏算法有空域算法、频域算法、压缩域算法等。

目前该类知识点属于**零星**考点。

参考题型

● 信息隐藏主要研究如何将机密信息秘密隐藏于另一公开的信息中。以下关于利用多媒体数据来隐藏机密信息的叙述中，错误的是　（1）　。

A．多媒体信息本身有很大的冗余性

B．多媒体信息本身编码效率很高

C．人眼或人耳对某些信息有一定的掩蔽效应

D．信息嵌入到多媒体信息中不影响多媒体本身的传送和使用

■ **试题分析**　多媒体信息本身编码效率很低，有较大冗余性，这样信息嵌入到多媒体信息中就不影响多媒体信息本身。

■ **参考答案**　（1）B

7.3.2　数字水印技术

知识点综述

数字水印（Digital Watermark）利用人类的听觉、视觉系统的特点，在图像、音频、视频中加入特定的信息，使人很难觉察，而通过特殊方法和步骤又能提取所加入的特定信息。

目前该类知识点属于**重要**考点。

参考题型

● 数字水印技术通过在数字化的多媒体数据中嵌入隐蔽的水印标记，可以有效实现对数字多媒体数据的版权保护等功能。以下各项中，不属于数字水印在数字版权保护中必须满足的基本应用的需求是　（1）　。

A．安全性　　　　　　B．隐蔽性　　　　　C．鲁棒性　　　　　D．可见性

■ **试题分析**　数字水印（Digital Watermark）技术通过在数字化的多媒体数据中嵌入隐蔽的水印标记，可以有效实现对数字多媒体数据的版权保护等功能。数字水印在数字版权保护中必须满足的基本应用的需求是完整性、保密性、安全性、隐蔽性、鲁棒性。

该题涉及的知识点，在历次考试中经常涉及。

■ **参考答案**　（1）D

● 数字水印是通过数字信号处理的方法，在数字化的多媒体数据中，嵌入隐蔽的水印标记。其应用领域不包括__(2)__。

A．版权保护   B．票据防伪

C．证据篡改鉴定   D．图像数据

■ 试题分析 数字水印利用人类的听觉、视觉系统的特点，在图像、音频、视频中加入特定的信息，使人很难觉察，而通过特殊方法和步骤又能提取所加入的特定信息。

数字水印应用领域有数字版权保护、票据防伪、证据篡改鉴定、数据侦测和跟踪、数据真伪鉴别等。

■ 参考答案   （2）D

● 典型的水印攻击方式包括鲁棒性攻击、表达攻击、解释攻击和法律攻击。其中鲁棒性攻击是指在不损害图像使用价值的前提下减弱、移去或破坏水印的一类攻击方式。以下不属于鲁棒性攻击的是__(3)__。

A．像素值失真攻击   B．敏感性分析攻击

C．置乱攻击   D．梯度下降攻击

■ 试题分析 鲁棒性攻击以减少或消除数字水印的存在为目的，包括像素值失真攻击、敏感性分析攻击和梯度下降攻击等。这些方法并不能将水印完全除去，但可能充分损坏水印信息。

表达攻击是让图像水印变形从而导致检测不出水印的存在；表达攻击包括置乱攻击、同步攻击等。与鲁棒性攻击相反，表达攻击实际上并不除去嵌入的水印，而试图使水印检测器与嵌入的信息不同步。

■ 参考答案   （3）C

● 数字水印技术通过在数字化的多媒体数据中嵌入隐蔽的水印标记，可以有效实现对数字多媒体数据的版权保护功能。以下关于数字水印的描述中，不正确的是__(4)__。

A．隐形数字水印可应用于数据侦测与跟踪

B．在数字水印技术中，隐藏水印的数据量和鲁棒性是矛盾的

C．秘密水印也称盲化水印，其验证过程不需要原始秘密信息

D．视频水印算法必须满足实时性的要求

■ 试题分析 水印可以分为秘密水印（非盲化水印）、半秘密水印（半盲化水印）、公开水印（盲化或健忘水印）。

■ 参考答案   （4）C

7.4 隐私保护

知识点综述

隐私就是个人、机构等实体不愿意被外部世界知晓的信息。隐私可以分为个人隐私、通信内容隐私、行为隐私。该类知识包含隐私保护技术、隐私保护技术度量、位置隐私保护等知识点。

目前该类知识点属于**重要**考点。

参考题型

● 移动用户有些属性信息需要受到保护，这些信息一旦泄露，会对公众用户的生命财产安全构成威胁。以下各项中，不需要被保护的属性是　(1)　。

　A．用户身份（ID）　　　　　　　　B．用户位置信息

　C．终端设备信息　　　　　　　　　D．公众运营商信息

■ **试题分析**　移动用户的隐私数据包括用户身份信息、口令、用户位置信息、终端设备信息等。公众运营商信息属于公开信息，不需要被保护。

该题涉及的知识点常考。

■ **参考答案**　（1）D

● 面向数据挖掘的隐私保护技术主要解决高层应用中的隐私保护问题，致力于研究如何根据不同数据挖掘操作的特征来实现对隐私的保护，从数据挖掘的角度，不属于隐私保护技术的是　(2)　。

　A．基于数据分析的隐私保护技术　　B．基于数据失真的隐私保护技术

　C．基于数据匿名化的隐私保护技术　D．基于数据加密的隐私保护技术

■ **试题分析**　隐私保护技术可以分为三类：基于数据失真的隐私保护技术、基于数据加密的隐私保护技术、基于数据匿名化的隐私保护技术。

基于数据失真的技术通过添加噪音等方法，使敏感数据失真但同时保持某些数据或数据属性不变，仍然可以保持某些统计方面的性质。

基于数据加密的隐私保护在数据挖掘过程隐藏敏感数据的方法，包括安全多方计算 SMC，即使两个或多个站点通过某种协议完成计算后，每一方都只知道自己的输入数据和所有数据计算后的最终结果。

基于数据匿名化的隐私保护技术则基于限制发布的技术，有选择地发布原始数据、不发布或者发布精度较低的敏感数据，实现隐私保护。

■ **参考答案**　（2）A

7.5　网络舆情

知识点综述

网络舆情是指在互联网上流行的对社会问题不同看法的网络舆论，是社会舆论的一种表现形式，是通过互联网传播的公众对现实生活中某些热点、焦点问题所持的有较强影响力、倾向性的言论和观点。

目前该类知识点属于**零星**考点。

参考题型

● 以下选项中，　(1)　不属于网络舆情的关键技术。

A．社会突发公共事件　　　　　　　B．网络舆情采集与提取技术
C．多文档自动文摘技术　　　　　　D．网络舆情倾向性分析技术

■ **试题分析**　网络舆情的诱发因素有：社会突发公共事件、虚假信息和不良信息等。

网络舆情的关键技术有：网络舆情采集与提取技术、网络舆情话题发现与追踪技术、网络舆情倾向性分析技术、多文档自动文摘技术。

■ **参考答案**　（1）A

第**8**章
信息系统安全

本章考点知识结构图如图 8-1 所示。

图 8-1　考点知识结构图

8.1　信息系统安全体系

知识点综述

信息系统安全体系框架（Information Systems Security Architecture，ISSA）如图 8-2 所示。目前该类知识点属于**零星**考点。

图 8-2　信息系统安全体系框架

参考题型

● 一个全局的安全框架必须包含的安全结构因素是　(1)　。

　　A．审计、完整性、保密性、可用性　　　　　B．审计、完整性、身份认证、保密性、可用性

　　C．审计、完整性、身份认证、可用性　　　　D．审计、完整性、身份认证、保密性

　　■ **试题分析**　一个全局的安全框架必须包含的安全结构因素是审计、完整性、身份认证、保密性、可用性。

　　■ **参考答案**　（1）B

8.2　信息系统安全的开发构建

知识点综述

该类知识包含信息系统开发生命周期、信息系统安全的需求分析、信息系统安全的设计、信息系统安全测评等。

目前该类知识点属于**零星**考点。

参考题型

● 信息系统安全测评方法中模糊测试是一种黑盒测试技术，它将大量的畸形数据输入到目标程序中，通过监测程序的异常来发现被测程序中可能存在的安全漏洞。关于模糊测试，以下说法错误的是　(1)　。

　　A．与白盒测试相比，具有更好的适用性

B．模糊测试是一种自动化的动态漏洞挖掘技术，不存在误报，也不需要人工进行大量的逆向
分析工作

C．模糊测试不需要程序的源代码就可以发现问题

D．模糊测试受限于被测系统的内容实现细节和复杂度

■ **试题分析** 模糊测试属于软件测试中的黑盒测试，是一种通过向目标系统提供非预期的输入并监视异常结果来发现软件漏洞的方法。模糊测试不需要程序的代码就可以发现问题。

■ **参考答案** （1）D

● 以下不属于代码静态分析的方法是 (2) 。

A．内存扫描　　　　B．模式匹配　　　C．定理证明　　　D．模型检测

■ **试题分析** 代码静态分析的方法包括模式匹配、定理证明、模型检测等，不包括内存扫描。

■ **参考答案** （2）A

8.3 安全工程能力评估

知识点综述

目前，业界提出了不少于 30 种成熟度模型。这些模型中比较知名的有：美国卡内基·梅隆大学软件研究院（SEI）从软件过程能力的角度提出的 CMM 模型、美国项目管理学会（PMI）等。

目前该类知识点属于**零星**考点。

参考题型

● CMM 是应美国政府要求所开发的一种能提高软件产品质量的软件模型。能力成熟度模型集成（Capability Maturity Model Integration，CMMI）属于 CMM 模型的最新版。CMMI 分为五个成熟度级别。其中， (1) 的特点是企业在项目实施上能够遵守既定的计划与流程，对整个流程有监测与控制，并与上级单位对项目与流程进行审查。

A．完成级　　　　B．管理级　　　　C．定义级　　　　D．量化管理级

■ **试题分析** CMMI 分为五个成熟度级别，特点如下：

1）完成级：企业项目的目标清晰。

2）管理级：企业在项目实施上能够遵守既定的计划与流程，对整个流程有监测与控制，并与上级单位对项目与流程进行审查。

3）定义级：企业不仅有完整的项目实施管理体系，还能够根据自身情况，将管理体系与流程制度化。企业不仅能实施同类项目，也能实施不同类项目。

4）量化管理级。企业的项目管理不仅形成了一种制度，而且要实现数字化的管理。

5）优化级。企业的项目管理达到了最高的境界。

■ **参考答案** （1）B

第9章
安全配置

本章考点知识结构图如图 9-1 所示。

图 9-1 考点知识结构图

9.1 Windows 基础

知识点综述

该类知识包含域与活动目录、用户与组、IP 配置网络命令等知识点。

目前该类知识点属于**一般**考点。

参考题型

● Windows 下，nslookup 命令结果如下所示，ftp.softwaretest.com 的 IP 地址是 （1） ，可通过在 DNS 服务器中新建 （2） 实现。

> C:\Users\Administrator>NSLOOKUP ftp.softwaretest.com
> 服务器:ns1.aaa.com
> Address:192.168.21.252
> 非权威应答：
> 名称: ns1.softwaretest.com
> Address: 10.10.20.1
> Aliases: ftp.softwaretest.com

（1）A．192.168.21.252　　B．192.168.21.1　　C．10.10.20.1　　D．10.10.20.254

（2）A．邮件交换器　　　　B．别名　　　　　　C．域　　　　　　D．主机

■ **试题分析**　从应答的情况可以看出，名称: ns1.softwaretest.com 和 Address: 10.10.20.1 是一个对应关系。Aliases 是别名的意思。

■ **参考答案**　（1）C　（2）B

● 在 Windows 系统中需要重新从 DHCP 服务器获取 IP 地址时，可以使用 （3） 命令。

A．ifconfig -a　　　　B．ipconfig　　　　C．ipconfig /all　　D．ipconfig /renew

■ **试题分析**　在 Windows 系统中，需要重新从 DHCP 服务器获取 IP 地址时，可以使用 ipconfig /renew 命令。

ipconfig /all 用于显示所有网卡的 TCP/IP 配置信息。

■ **参考答案**　（3）D

9.2　Windows 安全策略

知识点综述

该类知识包含账户策略、本地策略、高级安全 Windows 防火墙、事件查看器等知识点。

目前该类知识点属于**重要**考点。

参考题型

● Windows 系统的用户管理配置中，有多项安全设置，其中密码和账户锁定安全选项设置属于 （1） 。

A．本地策略　　　　　　B．公钥策略　　　　C．软件限制策略　D．账户策略

■ **试题分析**　Windows 系统的用户管理配置中，有多项安全设置，其中密码和账户锁定安全选项设置属于账户策略。

■ **参考答案** （1）D

● 在 Windows Server 2008 系统中，某共享文件夹的 NTFS 权限和共享文件权限设置的不一致，则对于访问该文件夹的用户而言，下列___（2）___有效。

A. 共享文件夹权限

B. 共享文件夹的 NTFS 权限

C. 共享文件夹权限和共享文件夹的 NTFS 权限累加

D. 共享文件夹权限和共享文件夹的 NTFS 权限中更小的权限

■ **试题分析** 共享权限和 NTFS 权限的联系和区别：

1）共享权限是基于文件夹的，即只可在文件夹上设置共享权限，不能在文件上设置共享权限；NTFS 权限是基于文件的，即可在文件夹和文件上设置。

2）共享权限只针对网络访问的用户访问共享文件夹时才起作用，如果用户是本地登录计算机则共享权限不起作用；NTFS 权限无论用户是通过网络还是本地登录使用文件都会起作用，**只不过当用户通过网络访问文件时它会与共享权限联合起作用，规则是取最严格的权限设置。**比如：共享权限为只读，NTFS 权限是写入，那么最终权限是完全拒绝，即两个权限的交集为完全拒绝。

3）共享权限与文件操作系统无关，只要设置共享就能够应用共享权限；NTFS 权限必须是 NTFS 文件系统，否则不起作用。

■ **参考答案** （2）D

● 在 Windows Server 2008 系统中，要有效防止"穷举法"破解用户密码，应采用___（3）___。

A. 安全选项策略   B. 账户锁定策略

C. 审核对象访问策略   D. 用户权利指派策略

■ **试题分析** 账户锁定策略：用户在指定时间内输入错误密码的次数达到了相应的次数（这个次数是自己设置的，即"账户锁定阈值"），账户锁定策略就会将该用户禁用。该策略可以防止攻击者猜测用户密码，提高用户的安全性。

■ **参考答案** （3）B

● 在 Windows 系统中，默认权限最低的用户组是___（4）___。

A. guests   B. administrators

C. power users   D. users

■ **试题分析** 本题考查 Windows 中基本用户和组的权限。其中 guests 代表来宾用户组，因此其权限相对是最低的。Administrators 组是管理员，级别最高，权限也最大。

■ **参考答案** （4）A

● 默认情况下，远程桌面用户组（Remote Desktop Users）成员对终端服务器___（5）___。

A. 具有完全控制权   B. 具有用户访问权和来宾访问权

C. 仅具有来宾访问权   D. 仅具有用户访问权

■ **试题分析** Remote Desktop Users 组内用户具有来宾访问或用户访问的权限。

■ **参考答案** （5）B

9.3　Linux 基础

知识点综述

该类知识包含分区与文件管理、系统运行级别、守护进程、常见配置文件等知识点。

目前该类知识点属于**零星**考点。

参考题型

● Linux 系统的运行日志存储的目录是 ＿＿（1）＿＿。

　A．/var/log　　　　　　B．/usr/log　　　　C．/etc/log　　　　D．/tmp/log

　■ **试题分析**　Linux 系统的/var/log/目录之下有许多日志文件。

　■ **参考答案**　（1）A

● 下面关于 Linux 系统文件挂载的叙述中，正确的是 ＿＿（2）＿＿。

　A．/可以作为一个挂载点　　　　　　　B．也可以是一个文件

　C．不能对一个磁盘分区进行挂载　　　　D．挂载点是一个目录时，这个目录必须为空

　■ **试题分析**　Linux 要求挂载点必须是个目录，当把一个分区挂载到目录之后，目录不一定必须为空，目录原来的文件都不可用，直到卸载这个挂载点。

　■ **参考答案**　（2）A

● 默认情况下，Linux 系统中用户登录密码信息存放在 ＿＿（3）＿＿文件中。

　A．/etc/group　　　　　　B．/etc/userinfo　　　C．/etc/shadow　　D．/etc/profile

　■ **试题分析**　Linux 系统中的/etc/passwd 文件是用于存放用户密码的重要文件，这个文件对所有用户都是可读的，系统中的每个用户在 /etc/passwd 文件中都有一行对应的记录。/etc/shadow 保存着加密后的用户口令。

　■ **参考答案**　（3）C

9.4　Linux 命令

知识点综述

该类知识包含系统与文件管理命令、网络配置命令等知识点。

目前该类知识点属于**零星**考点。

参考题型

● 在 Linux 中，＿＿（1）＿＿命令可将文件按修改时间顺序显示。

　A．ls -a　　　　　　　B．ls -b　　　　　　C．ls -c　　　　　　D．ls -d

　■ **试题分析**　ls 命令的参数含义如下：

-t 以时间排序。

-a 列出目录下的所有文件，包括以 "." 开头的隐含文件。

-b 把文件名中不可输出的字符用反斜杠加字符编号（就像在 C 语言里一样）的形式列出。

-c 输出文件的 i 节点的修改时间，并以此排序。

-d 将目录像文件一样显示，而不是显示其下的文件。

■ **参考答案** （1）C

● 在 Linux 系统中可用 ls -al 命令列出文件列表，___(2)___ 列出的是一个符号连接文件。

A．drwxr-xr-x 2 root root 220 2009-04-14 17:30 doc

B．-rw-r--r-- 1 root root 1050 2009-04-14 17:30 doc1

C．lrwxrwxrwx 1 root root 4096 2009-04-14 17:30 profile

D．drwxrwxrwx 4 root root 4096 2009-04-14 17:30 protocols

■ **试题分析** ls 命令说明如图 9-2 所示。

第1位描述文件类型，d代表目录，- 代表普通文件，c代表字符设备文件，l代表符号连接文件

第1组三位字符串表示所有者权限，r、w、x表示可读、可写、可执行

第2组三位字符串表示同组用户权限

第3组三位字符串表示其他用户权限

当前目录的二级目录数

分别表示文件（或目录）的拥有者和拥有者所在的用户组

文件大小

d rwx r-x r-x 2 root root 4096 20XX-04-23 18:27 xinetd.d

创建日期或者是最近的修改日期

文件名

图 9-2　ls 命令说明

■ **参考答案** （2）C

● 在 Linux 中，强制复制目录的命令是 ___(3)___ 。

A．cp -f　　　　　　　　B．cp -I　　　　　　　C．cp -a　　　　　　D．cp -l

■ **试题分析** cp 的-f 参数是强制复制。cp 命令复制的时候一旦造成冲突，然后会提示用户要不要继续复制，如果加上-f 就不会提示，强制执行。

■ **参考答案** （3）A

第10章
案例分析

10.1 密码学概念题

试题一（共20分）

阅读下列说明和图，回答问题1至问题4，将解答填入答题纸的对应栏内。

【说明】

研究密码编码的科学称为密码编码学，研究密码破译的科学称为密码分析学，密码编码学和密码分析学共同组成密码学。密码学作为信息安全的关键技术，在信息安全领域有着广泛的应用。

【问题1】（9分）

密码学的安全目标至少包括哪三个方面？具体内涵是什么？

【问题2】（3分）

对下列违规安全事件，指出各个事件分别违反了安全目标中的哪些项？

（1）小明抄袭了小丽的家庭作业。

（2）小明私自修改了自己的成绩。

（3）小李窃取了小刘的学位证号码、登录口令信息，并通过学位信息系统更改了小刘的学位信息记录和登录口令，将系统中小刘的学位信息用一份伪造的信息替代，造成小刘无法访问学位信息系统。

【问题3】（3分）

现代密码体制的安全性通常取决于密钥的安全，为了保证密钥的安全，密钥管理包括哪些技术问题？

【问题4】（5分）

在图 10-1 给出的加密过程中，M_i（i=1,2,…,n）表示明文分组，C_i（i=1,2,…,n）表示密文分组，Z 表示初始序列，K 表示密钥，E 表示分组加密过程。该分组加密过程属于哪种工作模式？这种分组密码的工作模式有什么缺点？

图 10-1　试题用图

试题分析

【问题1】

（1）保密性，确保信息仅被合法用户访问，而不泄露给非授权的用户。

（2）完整性，所有资源只能有授权方或者以授权方式进行修改。

（3）可用性，所有资源在适当的时候可以由授权方访问。

【问题2】

（1）保密性。

（2）完整性。

（3）保密性、完整性、可用性。

【问题3】

密钥管理包括密钥的产生、存储、分配、组织、使用、停用、更换、销毁等一系列技术问题。

【问题4】

明密文链接方式中输入是前一组密文和前一组明文异或之后，再与当前明文组异或。

明密文链接方式：

设明文 M=(M_1,M_2,…,M_n)，相应的密文 C=(C_1,C_2,…,C_n)，而

$$C_i = \begin{cases} E(M_i \oplus Z, K), & i=1 \\ E(M_i \oplus M_{i-1} \oplus C_{i-1}, K), & i=2, \cdots, n \end{cases} \qquad (10\text{-}1)$$

其中 Z 为初始化向量。

根据式（10-1）可知，即使 $M_i = M_j$，但因一般都有 $M_{i-1} \oplus C_{i-1} \neq M_{j-1} \oplus C_{j-1}$，从而使 $C_i \neq C_j$，

从而掩盖了明文中的数据模式。同样根据式（10-1）可知，加密时，当 M_i 或 C_i 中发生一位错误时，自此以后的密文全都发生错误。这种现象称为错误传播无界。

这种分组密码的工作模式由于加解密错误具有传播无界的特性，因此不适合磁盘文件加密。

要求数据长度是密码分组长度的整数倍，否则最后一个块需要特殊处理。

参考答案

【问题1】

密码学的安全目标包括保密性、完整性、可用性。

（1）保密性，确保信息仅被合法用户访问，而不泄露给非授权的用户。

（2）完整性，所有资源只能有授权方或者以授权方式进行修改。

（3）可用性，所有资源在适当的时候可以由授权方访问。

【问题2】

（1）保密性。

（2）完整性。

（3）保密性、完整性、可用性。

【问题3】

密钥管理包括密钥的产生、存储、分配、组织、使用、停用、更换、销毁等一系列技术问题。

【问题4】

明密文链接方式（PCBC）；

缺点：这种分组密码的工作模式由于加解密错误具有传播无界的特性，因此不适合磁盘文件加密。

要求数据长度是密码分组长度的整数倍，否则最后一个块需要特殊处理。

试题二（共 11 分）

阅读下列说明，回答问题 1 至问题 3，将解答填入答题纸的对应栏内。

【说明】

安全目标的关键是实现安全的三大要素：机密性、完整性和可用性。对于一般性的信息类型的安全分类有以下表达形式：

{（机密性，影响等级），（完整性，影响等级），（可用性，影响等级）}

在上述表达式中，"影响等级"的值可以取为低（L）、中（M）、高（H）三级以及不适用（NA）。

【问题1】（6分）

请简要说明机密性、完整性和可用性的含义。

【问题2】（2分）

对于影响等级"不适用"通常只针对哪个安全要素？

【问题3】（3分）

如果一个普通人在他的个人 Web 服务器上管理其公开信息。请问这种公开信息的安全分类是什么？

试题分析

【问题 1】

需要答题者能掌握和理解机密性、完整性和可用性的含义。答对意思就能得分。

【问题 2】

"不适用"通常针对机密性。对于公开的信息，机密性没有意义，所以机密性在公开信息类型中并不适用。

而完整性和可用性总是可以对应一个影响等级（高、中、低）的。

【问题 3】

（1）机密性：公开且放个人 Web 服务器上的信息，不需要机密性，因此分类为（机密性，NA）；

（2）完整性：公开且放个人 Web 服务器上的信息，其完整性分类为（完整性，M）；

（3）可用性：公开且放个人 Web 服务器上的信息，其可用性分类为（可用性，M）。

而公开的实时的股票信息，则完整性和可用性就需要非常高。因此分类表述为：

{（机密性，NA）、（完整性，H）、（可用性，H）}

参考答案

【问题 1】

（1）机密性：确保信息未经非授权的访问，避免信息泄露。

（2）完整性：防止信息非法的修改和毁坏，包括保证信息的不可抵赖性和真实性。

（3）可用性：保证信息及时且可靠的访问和使用。

【问题 2】

机密性。

【问题 3】

{（机密性，NA）、（完整性，M）、（可用性，M）}

试题三（共 13 分）

阅读下列说明和表，回答问题 1 至问题 3，将解答填入答题纸的对应栏内。

【说明】

密码学作为信息安全的关键技术，在信息安全领域有着广泛的应用。密码学中，根据加密和解密过程所采用密钥的特点可以将密码算法分为两类：对称密码算法和非对称密码算法。此外，密码技术还用于信息鉴别、数据完整性检验、数字签名等。

【问题 1】（6 分）

信息安全的基本目标包括真实性、保密性、完整性、不可否认性、可控性、可用性、可审查性等。密码学的三大安全目标 C、I、A 分别表示什么？

【问题 2】（5 分）

仿射密码是一种典型的对称密码算法。仿射密码体制的定义如下：

令明文和密文空间 M=C=Z_{26}，密钥空间

$$K = \{(k_1, k_2) \in Z_{26} \times Z_{26}: \gcd(k_1, 26) = 1\}$$

对任意的密钥 key=$\{(k_1, k_2) \in k, x \in M, y \in C\}$，定义加密和解密的过程如下：

加密：$e_{key}(x) = (k_1 x + k_2) \bmod 26$

解密：$d_{key}(y) = k_1^{-1}(y - k_2) \bmod 26$

其中，k_1^{-1} 表示 k_1 在 Z_{26} 中的乘法逆元，即 k_1^{-1} 乘以 k_1 对 26 取模等于 1，$\gcd(k_1, 26)$=1 表示 k_1 与 26 互素。

设已知仿射密码的密钥 Key=(11,3)，英文字符和整数之间的对应关系见表 10-1。

表 10-1　试题用表

英文字符	A	B	C	D	E	F	G	H	I	J	K	L	M
整数	00	01	02	03	04	05	06	07	08	09	10	11	12
英文字符	N	O	P	Q	R	S	T	U	V	W	X	Y	Z
整数	13	14	15	16	17	18	19	20	21	22	23	24	25

（1）整数 11 在 Z_{26} 中的乘法逆元是多少？

（2）假设明文消息为 "SEC"，相应的密文消息是什么？

【问题 3】（2 分）

根据表 10-1 的对应关系，仿射密码中，如果已知明文 "E" 对应密文 "C"，明文 "T" 对应密文 "F"，则相应的 Key=(k_1, k_2) 等于多少？

试题分析

【问题 1】

相关知识点解释参见《信息安全工程师 5 天修炼》（施游　朱小平编著，中国水利水电出版社，2017 年版）的第 3.1 节密码学基本概念，密码学的安全目标至少包含三个方面：

（1）**保密性（Confidentiality）**：信息仅被合法用户访问（浏览、阅读、打印等），不被泄露给非授权的用户、实体或过程。

提高保密性的手段有防侦察、防辐射、数据加密、物理保密等。

（2）**完整性（Integrity）**：资源只有授权方或以授权的方式进行修改，所有资源没有授权则不能修改。保证数据完整性，就是保证数据不能被偶然或者蓄意地编辑（修改、插入、排序）或者攻击（伪造、重放）。

影响完整性的因素有故障、误码、攻击、病毒等。

（3）**可用性（Availability）**：资源只有在适当的时候被授权方访问，并按需求使用。

【问题 2】

求 A 关于模 N 的逆元 B，即求整数 B，使得 A×B mod N＝1（要求 A 和 N 互素）。

（1）对余数进行辗转相除。

对余数进行辗转相除的方法如下：

$$N = A \times a_0 + r_0$$

$$A = r_0 \times a_1 + r_1$$

$$r_0 = r_1 \times a_2 + r_2$$

$$r_1 = r_2 \times a_3 + r_3$$

$$\cdots$$

$$r_{n-2} = r_{n-1} \times a_n + r_n$$

$$r_{n-1} = r_{n-2} \times a_{n+1} + 0$$

（2）对商数 $a_i(i=0,\cdots,n)$ 逆向排列（不含余数为 0 的商数 a_{i+1}），并按下列方法生成 $b_i(i=-1,\cdots,n)$。

$$b_{-1} = 1$$

$$b_0 = a_n$$

$$b_i = a_{n-i} \times b_{i-1} + b_{i-2}$$

a_i 的逆向排列与 b_i 的生成过程如图 10-2 所示。

图 10-2　对商数逆向排列求逆

最后：

● 如果 $a_0,\cdots,a_n$ 为偶数个数，则 b_n 即为所求的逆元 B；

● 如果 $a_0,\cdots,a_n$ 为奇数个数，则 $N-b_n$ 即为所求的逆元 B。

（1）题目告知，由于 k_1^{-1} 表示 k_1 在 Z_{26} 中的乘法逆元，即 k_1^{-1} 乘以 k_1 对 26 取模等于 1，$gcd(k_1,26)=1$ 表示 k_1 与 26 互素。其中 $k_1=11$，实际上就是求 11 关于模 26 的逆元。解法如下：

1）对余数进行辗转相除。

$$26=11\times2+4$$

$$11=4\times2+3$$

$$4=3\times1+1$$

$$3=1\times3+0$$

2）对商数逆向排列（不含余数为 0 的商数）。

由于 $a_0,\cdots,a_n$ 为奇数个数，因此 26-7=19 即为 11 关于模 26 的逆元。

（2）定义加密和解密的过程如下：

由于加密过程：$e_{key}(x) = (k_1 x + k_2) \bmod 26$，而密钥 Key=（11，3），所以 $k_1=11$，$k_2=3$。

SEC 对应的值分别为 18、4、2 代入 x，可以算出结果。

(11×8+3) mod 26=19，查表得到 T；

(11×4+3) mod 26=21，查表得到 V；

(11×2+3) mod 26=25，查表得到 Z。

【问题 3】

根据表 10-1 可以得到，明文 E=4，T=19；对应的密文 C=2、F=5。

代入加密过程：$e_{key}(x) = (k_1 x + k_2) \bmod 26$ 可以得到方程组：

$$(k_1 4 + k_2) \bmod 26 = 2;$$
$$(k_1 19 + k_2) \bmod 26 = 5;$$

求解可得，$k_1=21$，$k_2=22$。

参考答案

【问题 1】保密性、完整性、可用性。

【问题 2】（1）19　　　（2）TVZ

【问题 3】$k_1=21$；$k_2=22$。

10.2　安全工具与设备配置题

试题一（共 19 分）

阅读下列说明和图，回答问题 1 至问题 3，将解答填入答题纸的对应栏内。

【说明】

防火墙是一种广泛应用的网络安全防御技术，它阻挡对网络的非法访问和不安全的数据传递，保护本地系统和网络免于受到安全威胁。

图 10-3 给出了一种防火墙的体系结构。

【问题 1】（6 分）

防火墙的体系结构主要有：

（1）双重宿主主机体系结构。

（2）（被）屏蔽主机体系结构。

（3）（被）屏蔽子网体系结构。

请简要说明这三种体系结构的特点。

【问题 2】（5 分）

（1）图 10-3 描述的是哪一种防火墙的体系结构？

（2）其中内部包过滤器和外部包过滤器的作用分别是什么？

图 10-3　一种防火墙体系结构图

【问题 3】（8 分）

设图 10-3 中外部包过滤器的外部 IP 地址为 10.20.100.1，内部 IP 地址为 10.20.100.2；内部包过滤器的外部 IP 地址为 10.20.100.3，内部 IP 地址为 192.168.0.1，DMZ 中 Web 服务器 IP 为 10.20.100.6，SMTP 服务器 IP 为 10.20.100.8。

关于包过滤器，要求实现以下功能：不允许内部网络用户访问外网和 DMZ，外部网络用户只允许访问 DMZ 中的 Web 服务器和 SMTP 服务器。内部包过滤器规则见表 10-2。请完成外部包过滤器规则表 10-3，将对应空缺表项的答案填入答题纸对应栏内。

表 10-2　内部包过滤器规则表

规则号	协议	源地址	目的地址	源端口	目的端口	动作	方向
1	*	*	*	*	*	拒绝	*

表 10-3　外部包过滤器规则表

规则号	协议	源地址	目的地址	源端口	目的端口	动作	方向
1	TCP	*	10.20.100.6	>1024	80	允许	入
2	TCP	10.20.100.6	*	80	>1024	允许	出
3	TCP	（1）	（2）	>1024	25	允许	入
4	TCP	（3）	（4）	25	>1024	允许	出
5	（5）	（6）	*	>1024	53	允许	入
6	（7）	*	（8）	53	>1024	允许	出
7	*	*	*	*	*	拒绝	*

试题分析

【问题 1】

双重宿主主机体系结构：以一台双重宿主主机作为防火墙系统的主体，执行分离外部网络与内部网络的任务。

被屏蔽主机体系结构：通过一个单独的路由器和内部网络上的堡垒主机共同构成防火墙，主要通过数据包过滤实现内外网络的隔离和对内网的保护。

屏蔽子网体系结构：由两台路由器包围起来的周边网络，并且将容易受到攻击的堡垒主机都置于这个周边网络中。其主要由四个部件构成，分别为：周边网络、外部路由器、内部路由器以及堡垒主机。

【问题 2】

略。

【问题 3】

依据题意，防火墙应该设置 Web 端口 80、SMTP 端口 25 的访问控制规则。由于访问网站需要使用 DNS，所以还需要额外设定端口 53 的访问规则。

参考答案

【问题 1】

双重宿主主机体系结构：以一台双重宿主主机作为防火墙系统的主体，执行分离外部网络与内部网络的任务。

被屏蔽主机体系结构：通过一个单独的路由器和内部网络上的堡垒主机共同构成防火墙，主要通过数据包过滤实现内外网络的隔离和对内网的保护。

屏蔽子网体系结构：由两台路由器包围起来的周边网络，并且将容易受到攻击的堡垒主机都置于这个周边网络中。

【问题 2】

（1）屏蔽子网体系结构。

（2）内部包过滤器：内部包过滤器用于隔离周边网络和内部网络，是屏蔽子网体系结构的第二道屏障。在其上设置了针对内部用户的访问过滤规则，规则主要对内部用户访问周边网络和外部网络进行限制。

外部包过滤器：外部包过滤器用于保护周边网络和内部网络，是屏蔽子网体系结构的第一道屏障。在其上设置了对周边网络和内部网络进行访问的过滤规则，规则主要针对外网用户。

【问题 3】

（1）*　　　　　　　　　　　　（2）10.20.100.8

（3）10.20.100.8　　　　　　　　（4）*

（5）UDP　　　　　　　　　　　（6）10.20.100.*

（7）UDP　　　　　　　　　　　（8）10.20.100.*

试题二（共 20 分）

阅读下列说明，回答问题 1 至问题 7，将解答填入答题纸的对应栏内。

【说明】

扫描技术是网络攻防的一种重要手段，在攻和防当中都有其重要意义。nmap 是一个开放源码的网络扫描工具，可以查看网络系统中有哪些主机在运行以及哪些服务是开放的。 nmap 工具的命令选项：sS 用于实现 SYN 扫描，该扫描类型是通过观察开放端口和关闭端口对探测分组的响应来实现端口扫描的。

请根据图 10-4 回答下列问题。

图 10-4　试题用图

【问题 1】（2 分）

此次扫描的目标主机的 IP 地址是多少？

【问题 2】（2 分）

SYN 扫描采用的传输层协议名字是什么？

【问题 3】（2 分）

SYN 的含义是什么？

【问题 4】（4 分）

目标主机开放了哪几个端口？简要说明判断依据。

【问题 5】（3 分）

每次扫描有没有完成完整的三次握手？这样做的目的是什么？

【问题 6】（5 分）

补全表 10-4 所示的防火墙过滤器规则的空（1）～（5），达到防火墙禁止此类扫描流量进入和流出网络，同时又能允许网内用户访问外部网页服务器的目的。

表 10-4　规则表

规则号	协议	源地址	目的地址	源端口	目的端口	ACK	动作
1	TCP	*	192.168.220.1/24	*	*	（4）	拒绝
2	TCP	192.168.220.1/24	*	>1024	（3）	*	允许
3	（1）	192.168.220.1/24	*	>1024	53	*	允许
4	UDP	*	192.168.220.1/24	53	>1024	（5）	允许
5	（2）	*	*	*	*	*	拒绝

【问题 7】（2 分）

简要说明为什么防火墙需要在进出两个方向上对数据包进行过滤。

试题分析

【问题 1】

通常客户端首先向服务器发送 SYN 分组以便建立连接。目标服务器接收到 SYN 包后发回确认数据报文，该数据报文 ACK=1。

该题中，扫描主机发送 SYN 分组给目标主机（192.168.220.1），目标主机反馈 SYN、ACK 报文给扫描主机。

【问题 2】

同步（SYN）：TCP 协议的发起连接位，说明是 TCP 协议。

【问题 3】

同步（SYN）：同步信号，TCP 协议的发起连接位，是 TCP/IP 建立连接时使用的握手信号。

通常 TCP 连接使用的三次握手建立连接，客户机首先发出一个 SYN 消息，服务器使用 SYN+ACK 应答表示接收到了这个消息，最后客户机再以 ACK 消息响应。这样在客户机和服务器之间才能建立起可靠的 TCP 连接。

【问题 4】

判断依据：如果端口开放，目标主机会响应扫描主机的 SYN/ACK 连接请求；如果端口关闭，则目标主机向扫描主机发送 RST 的响应。

如果收到 RST/ACK 分组也表示该端口不在监听状态。客户端不管收到的是什么样的分组，都向发起方发送一个 RST/ACK 分组，表示该端口关闭。

【问题 5】

从题目来看，扫描机首先发出一个 SYN 连接，目标机使用 SYN+ACK 应答，而扫描机就返回 RST 终止了三次握手。

防火墙往往只记录成功的连接，而半连接的方式减少了对方主机或者防火墙记录这样的扫描行为。

【问题 6】

第 1 条规则，拒绝从外网往内网发送请求连接信息，所以 ACK=0。

第 2、3、4 条规则，配置允许内网用户访问外部网页服务器。

第 2 条规则，允许内网往外网服务器 80 端口发送的请求连接和应答信息，所以目的端口为 80。

第 3 条规则，允许内网向外网域名服务器发送的请求连接和应答信息，所以协议为 UDP。

第 4 条规则，允许外网域名服务器发往内网的应答信息，UDP 协议不关心 ACK，所以 ACK=*。

第 5 条规则，其他流量一律不允许进出内外部网络，所以协议为*。

【问题 7】

在进入方向过滤是为了防止被人攻击，而在出口方向过滤则是为了防止内部用户通过本网络对外攻击。

参考答案

【问题 1】 192.168.220.1。

【问题 2】 TCP 协议。

【问题 3】 同步信号，是 TCP 建立连接时使用的握手信号。

【问题 4】（4 分，每答对一个端口给 1 分，判断依据正确给 2 分）

135 端口和 139 端口；如果端口开放，目标主机会响应扫描主机的 SYN/ ACK 连接请求。

【问题 5】

没有。（1 分）

减少了对方主机或者防火墙记录这样的扫描行为。（2 分）

【问题 6】

（1）UDP　　（2）*　　（3）80　　（4）0　　（5）*

【问题 7】 在进入方向过滤是为了防止被人攻击，而在出口方向过滤则是为了防止内部用户通过本网络对外攻击。

试题三（共 15 分）

阅读下列说明和图，回答问题 1 至问题 5，将解答填入答题纸的对应栏内。

【说明】

入侵检测系统（IDS）和入侵防护系统（IPS）是两种重要的网络安全防御手段，IDS 注重的是网络安全状况的监管，IPS 则注重对入侵行为的控制。

【问题 1】（2 分）

网络安全防护可以分为主动防护和被动防护，请问 IDS 和 IPS 分别属于哪种防护？

【问题 2】（4 分）

入侵检测是动态安全模型（P2DR）的重要组成部分。请列举 P2DR 模型的四个主要组成部分。

【问题 3】（2 分）

假如某入侵检测系统记录了如图 10-5 所示的网络数据包：

```
223865 76.53.17.71      192.168.220.1  11975→80 [SYN] Seq=0 Win=512 Len=0
223866 202.220.8.38     192.168.220.1  11976→80 [SYN] Seq=0 Win=512 Len=0
223867 203.164.62.187   192.168.220.1  11977→80 [SYN] Seq=0 Win=512 Len=0
223868 209.220.140.58   192.168.220.1  11978→80 [SYN] Seq=0 Win=512 Len=0
223869 69.0.162.39      192.168.220.1  11979→80 [SYN] Seq=0 Win=512 Len=0
223870 65.150.34.44     192.168.220.1  11980→80 [SYN] Seq=0 Win=512 Len=0
223871 173.209.144.93   192.168.220.1  11981→80 [SYN] Seq=0 Win=512 Len=0
223872 206.65.68.120    192.168.220.1  11982→80 [SYN] Seq=0 Win=512 Len=0
223873 77.117.248.0     192.168.220.1  11983→80 [SYN] Seq=0 Win=512 Len=0
223874 204.24.74.81     192.168.220.1  11984→80 [SYN] Seq=0 Win=512 Len=0
223875 169.105.148.72   192.168.220.1  11985→80 [SYN] Seq=0 Win=512 Len=0
223876 62.110.38.44     192.168.220.1  11986→80 [SYN] Seq=0 Win=512 Len=0
223877 239.56.76.228    192.168.220.1  11987→80 [SYN] Seq=0 Win=512 Len=0
223878 127.16.84.83     192.168.220.1  11988→80 [SYN] Seq=0 Win=512 Len=0
```

图 10-5　试题用图

请问图中的数据包属于哪种网络攻击？该攻击的具体名字是什么？

【问题 4】（4 分）

入侵检测系统常用的两种检测技术是异常检测和误用检测，请问针对图中所描述的网络攻击应该采用哪种检测技术？请简要说明原因。

【问题 5】（3 分）

Snort 是一款开源的网络入侵检测系统，它能够执行实时流量分析和 IP 协议网络的数据包记录。

Snort 的配置有三种模式，请给出这三种模式的名字。

试题分析

【问题 1】

入侵检测技术（IDS）注重的是网络安全状况的监管，通过监视网络或系统资源，寻找违反安全策略的行为或攻击迹象，并发出报警。因此绝大多数 IDS 系统都是被动的。

入侵防护系统（IPS）则倾向于提供主动防护，注重对入侵行为的控制。其设计宗旨是预先对入侵活动和攻击性网络流量进行拦截，避免其造成损失。

【问题 2】

相关知识点解释参见《信息安全工程师 5 天修炼》（施游 朱小平编著，中国水利水电出版社，2017 年版）的"5.4.2　入侵检测与入侵防护"。

P2DR 模型是基于静态模型之上的动态安全模型，该模型不仅包含**防护、检测、响应**三个部分，还包含**安全策略**。

【问题 3】

拒绝服务攻击，SYN flood 攻击。

【问题 4】

（1）异常检测。

异常检测（也称基于行为的检测）是指把用户习惯行为特征存储在特征库中，然后将用户当前行为特征与特征数据库中的特征进行比较，若两者偏差较大，则认为有异常情况发生。

（2）误用检测。

误用检测一般是由计算机安全专家首先对攻击情况和系统漏洞进行分析和分类，然后手工编写相应的检测规则和特征模型。误用入侵检测的主要假设是具有能够被精确地按某种方式编码的攻击，并可以通过捕获攻击及重新整理，确认入侵活动是基于同一弱点进行攻击的入侵方法的变种。

SYN flood 攻击具有固定的攻击行为，攻击特征明显，所以可以使用误用检测的方法进行检测。

【问题 5】

Snort 的配置有三个主要模式：嗅探、包记录和网络入侵检测。

参考答案

【问题 1】入侵检测技术（IDS）属于被动防护；入侵防护系统（IPS）提供主动防护。

【问题 2】防护、检测、响应、安全策略。

【问题 3】拒绝服务攻击，SYN flood 攻击。

【问题 4】SYN flood 攻击具有固定的攻击行为，攻击特征明显，所以可以使用误用检测的方法进行检测。

【问题 5】Snort 的配置有三个主要模式：嗅探、包记录和网络入侵检测。

试题四（共 20 分）

阅读下列说明和表，回答问题 1 至问题 4，将解答填入答题纸的对应栏内。

【说明】

防火墙类似于我国古代的护城河，可以阻挡敌人的进攻。在网络安全中，防火墙主要用于逻辑隔离外部网络与受保护的内部网络，防火墙通过使用各种安全规则来实现网络的安全策略。

防火墙的安全规则由匹配条件和处理方式两个部分共同构成，网络流量通过防火墙时，根据数据包中的某些特定字段进行计算以后如果满足匹配条件，就必须采用规则中的处理方式进行处理。

【问题 1】（6 分）

假设某企业内部网（202.114.63.0/24）需要通过防火墙与外部网络互连，其防火墙的过滤规则案例见表 10-5。

表 10-5　防火墙过滤规则表

序号	源地址	源端口	目标地址	目标端口	协议	ACK	动作
A	202.114.63.0/24	>1024	*	80	TCP	*	accept
B	*	80	202.114.63.0/24	>1024	TCP	Yes	accept
C	*	>1024	202.114.63.125	80	TCP	*	accept
D	202.114.63.125	80	*	>1024	TCP	Yes	accept
E	202.114.63.0/24	>1024	*	（1）	UDP	*	accept
F	*	53	202.114.63.0/24	>1024	UDP	*	accept
G	*	*	*	*	*	*	（2）

注："*"表示通配符，任意服务端口都有两条规则。

请补充表 10-5 中的内容（1）和（2），根据上述规则表给出该企业对应的安全需求。

【问题 2】（4 分）

一般来说，安全规则无法覆盖所有的网络流量，因此防火墙都有一条缺省（默认）规则，该规则能覆盖事先无法预料的网络流量，请问缺省规则的两种选择是什么？

【问题 3】（6 分）

请给出防火墙规则中的三种数据包处理方式。

【问题 4】（4 分）

防火墙的目的是实施访问控制和加强站点安全策略，其访问控制包含四个方面的内容：服务控制、方向控制、用户控制和行为控制。请问表 10-5 中，规则 A 涉及访问控制的哪几个方面的内容？

试题分析

【问题 1】

序号	源地址	源端口	目标地址	目标端口	协议	ACK	动作
A	202.114.63.0/24	>1024	*	80	TCP	*	accept
B	*	80	202.114.63.0/24	>1024	TCP	Yes	accept
C	*	>1024	202.114.63.125	80	TCP	*	accept
D	202.114.63.125	80	*	>1024	TCP	Yes	accept
E	202.114.63.0/24	>1024	*	53	UDP	*	accept
F	*	53	202.114.63.0/24	>1024	UDP	*	accept
G	*	*	*	*	*	*	drop

【问题 2】

两种缺省选择是默认拒绝或者默认允许。

默认拒绝是指一切未被允许的就是禁止的。其安全规则的处理方式一般为 accept。

默认允许是指一切未被禁止的就是允许的。其安全规则的处理方式一般为 reject 或 drop。

【问题 3】

大多数防火墙规则中的处理方式主要包括以下几种：

- accept：允许数据包或信息通过。
- reject：拒绝数据包或信息通过，并且通知信息源该信息被禁止。
- drop：将数据包或信息直接丢弃，并且不通知信息源。

【问题 4】

防火墙的目的是实施访问控制和加强站点安全策略，其访问控制包含四个方面或层次的内容：

（1）服务控制：控制内部或者外部的服务，哪些可以被访问。服务常对应 TCP/IP 协议中的端口，例如 110 就是 POP3 服务，80 就是 Web 服务，25 是 SMTP 服务。

（2）方向控制：决定特定方向发起的服务请求可以通过防火墙。需确定服务是在内网还是在外网。可以限制双向的服务。

（3）用户控制：决定内网或者外网用户可以访问哪些服务。用户可以使用用户名、IP 地址、Mac 地址标示。

（4）行为控制：进行内容过滤。如过滤网络流量中的病毒、木马或者垃圾邮件。

参考答案

【问题 1】（1）53　　（2）drop

企业对应的安全需求有：

（1）允许内部用户访问外部网络的网页服务器。

（2）允许外部用户访问内部网络的网页服务器（202.114.64.125）。

（3）除（1）和（2）外，禁止其他任何网络流量通过防火墙。

【问题 2】两种缺省选择是默认拒绝或者默认允许。

【问题 3】accept、reject、drop。

【问题 4】服务控制、方向控制和用户控制。

10.3　访问控制

试题一（共 10 分）

阅读下列说明和图，回答问题 1 至问题 2，将解答填入答题纸的对应栏内。

【说明】

访问控制是对信息系统资源进行保护的重要措施，适当的访问控制能够阻止未经授权的用户有意或者无意地获取资源。访问控制一般是在操作系统的控制下按照事先确定的规则决定是否允许用户对资源的访问。图 10-6 给出了某系统对客体 traceroute.mpg 实施的访问控制规则。

图 10-6　习题图

【问题 1】（3 分）

针对信息系统的访问控制包含哪些基本要素？

【问题 2】（7 分）

分别写出图 10-6 中用户 Administrator 对应的三种访问控制实现方法，即访问控制矩阵、访问控制表和权能表下的访问控制规则。

试题分析

【问题 1】

访问控制的三个基本概念如下：

- 主体：改变信息流动和系统状态的主动方。主体可以访问客体。主体可以是进程、用户、用户组、应用等。
- 客体：包含或者接收信息的被动方。客体可以是文件、数据、内存段、字节等。
- 授权访问（访问权限）：决定谁能访问系统，谁能访问系统的哪种资源以及如何使用这些资源。方式有读、写、执行、搜索等。

【问题 2】

（1）访问控制矩阵。访问控制矩阵是最初实现访问控制机制的概念模型，它利用二维矩阵规定了任意主体和任意客体间的访问权限。

主体名	客体名	访问权限
Administrator	Traceroute.mpg	读取，运行

（2）访问控制表（Access Control Lists）。很多时候，访问控制矩阵是一个稀疏矩阵，因此访问控制可以按行或按列分解存储。访问控制矩阵按列分解，就生成了访问控制列表。访问控制列表实例如图 10-7 所示。

图 10-7　访问控制列表实例

（3）权能表（Capabilities Lists）。访问控制矩阵按行分解，就生成了权能表。权能表实例如图 10-8 所示。

图 10-8　权能表实例

参考答案

【问题 1】访问控制的三个基本概念包括：主体、客体、授权访问（访问权限）。

【问题 2】

访问控制矩阵：

主体名	客体名	访问权限
Administrator	Traceroute.mpg	读取，运行

访问控制表：

权能表：

试题二（共 14 分）

阅读下列说明，回答问题 1 至问题 3，将解答填入答题纸的对应栏内。

【说明】

访问控制是保障信息系统安全的主要策略之一，其主要任务是保证系统资源不被非法使用和非常规访问。访问控制规定了主体对客体访问的限制，并在身份认证的基础上，对用户提出的资源访问请求加以控制。当前，主要的访问控制模型包括自主访问控制（DAC）模型和强制访问控制（MAC）模型。

【问题 1】（6 分）

针对信息系统的访问控制包含哪三个基本要素？

【问题 2】（4 分）

BLP 模型是一种强制访问控制模型。请问：

（1）BLP 模型保证了信息的机密性还是完整性？

（2）BLP 模型采用的访问控制策略是上读下写还是下读上写？

【问题 3】（4 分）

Linux 系统中可以通过 ls 命令查看文件的权限，例如，文件 net.txt 的权限属性如下所示：

-rwx------1 root root 5025 May 25 2019 /home/abc/net.txt

请问：

（1）文件 net.txt 属于系统的哪个用户？

（2）文件 net. txt 权限的数字表示是什么？

试题分析

【问题 1】

相关知识点解释参见《信息安全工程师 5 天修炼》（施游　朱小平编著，中国水利水电出版社，2017 年版）的"6.2.3　访问控制"。访问控制的三个基本概念如下：

- 主体：改变信息流动和系统状态的主动方。主体可以访问客体。主体可以是进程、用户、用户组、应用等。
- 客体：包含或者接收信息的被动方。客体可以是文件、数据、内存段、字节等。
- 授权访问：决定谁能访问系统，谁能访问系统的哪种资源以及如何使用这些资源。方式有读、写、执行、搜索等。

【问题 2】

相关知识点解释参见《信息安全工程师 5 天修炼》（施游　朱小平编著，中国水利水电出版社，2017 年版）的"6.2.3　访问控制"。

BLP 模型特点：只允许主体向下读，不能上读（简单安全特性规则）；主体只能向上写，不能向下写（*特性规则）。既不允许低信任级别的主体读高敏感度的客体，也不允许高敏感度的客体写入低敏感度区域，禁止信息从高级别流向低级别。这样保证了数据的机密性。

【问题 3】

相关知识点解释参见《信息安全工程师 5 天修炼》（施游　朱小平编著，中国水利水电出版社，2017 年版）的"9.4.1　系统与文件管理命令"。

文件属性

文件属性	文件数	拥有者	所属 group	文件大小	建档日期	文件名
-rwx------	1	root	root	5025	May 25 2019	/home/abc/net.txt

所以，文件/net.txt 的所有者和所属组都为 root。

第一列：表示文件的属性。Linux 的文件分为三个属性：可读（r）、可写（w）、可执行（x）。该列共有十个位置可以填。第一个位置是表示类型，可以是目录或连结文件，其中 d 表示目录，l 表示连结文件，"-"表示普通文件，b 代表块设备文件，c 代表字符设备文件。

剩下的九个位置以每三个为一组。第一列格式如图 10-9 所示。默认情况下，系统将创建的普通文件的权限设置为-rw-r-r-。

图 10-9　权限位示意图

三个一组的表达方式有两种。

（1）符号形式。每组由三位组成。第一位表示是否有读权限。"r"表示有读权限；"-"表示没有读权限。第二位表示是否有写权限。"w"表示有写权限；"-"表示没有写权限。第三位表示是否有执行权限。"x"表示有执行权限；"-"表示没有执行权限。

（2）数字形式。每组由三位组成。第一位表示是否有读权限。"4"表示有读权限；"0"表示没有读权限。第二位表示是否有写权限。"2"表示有写权限；"0"表示没有写权限。第三位表示是否有执行权限。"1"表示有执行权限；"0"表示没有执行权限。

各位相加即为该组权限的数值表达。

本题的第一组的权限符号形式为rwx，则对应数字形式为4+2+1=7。

本题的其他组的权限符号形式为---，则对应数字形式为0+0+0=0。

所以，文件 net. txt 权限的数字表示是 700。

第二列：表示文件个数。如果是文件，这个数就是1；如果是目录，则表示该目录中的文件个数。

第三列：表示该文件或目录的拥有者。

第四列：表示所属的组（group）。每一个使用者都可以拥有一个以上的组，但是大部分的使用者应该都只属于一个组。

第五列：表示文件大小。文件大小用 byte 来表示，而空目录一般都是1024byte。

第六列：表示建档日期。以"月，日，年份"的格式表示。

第七列：表示文件名。

参考答案

【问题1】主体、客体、授权访问

【问题2】（1）机密性　　　（2）下读上写

【问题3】（1）root　　　（2）700

10.4　程序安全与缓冲区溢出题

试题一（共8分）

阅读下列说明和代码，回答问题1和问题2，将解答填入答题纸的对应栏内。

【说明】

某一本地口令验证函数（C 语言环境，X86_32 指令集）包含如下关键代码：某用户的口令保存在字符数组 origPassword 中，用户输入的口令保存在字符数组 userPassword 中，如果两个数组中的内容相同则允许进入系统。

```
[...]
char origPassword[12]="Secret"
char userPassword[12];
[...]
gets(userPassword);  /* 读取用户输入的口令*/
[...]

if(strncmp(origPassword,userPassword,12)!=0) {
printf("Password,doesn't match!\n");
exit(-1);
}
[...]   /* 口令认证通过时允许用户访问*/
[...]
```

【问题 1】（4 分）用户在调用 gets()函数时输入什么样式的字符串，可以在不知道的原始口令"Secret"的情况下绕过该口令验证函数的限制？

【问题 2】（4 分）上述代码存在什么类型的安全隐患？请给出消除该安全隐患的思路。

试题分析

【问题 1】

众所周知，C 语言不进行数组的边界检查。在许多 C 语言实现的应用程序中，都假定缓冲区的长度是足够的，即它的长度肯定大于要拷贝的字符串的长度，事实上却并非如此。

通常，一个程序在内存中分为程序段、数据段和堆栈三部分。程序段里放着程序的机器码和只读数据；数据段放程序中的静态数据；动态数据则通过堆栈来存放。在内存中，它们的位置如图 10-10 所示。

图 10-10　一个程序在内存中的存放

gets（userPassword）只要输入 24 个字符，其中前 12 个字符和后 12 个字符完全相同。这导致输入 userPassword 多余的 12 个字符数据，覆盖 origPassword 区域，导致 userPassword=origPassword 的结果。就可以在不知道的原始口令"Secret"的情况下绕过该口令验证函数的限制。

【问题 2】

Gets()函数必须保证输入长度不会超过缓冲区，一旦输入大于 12 个字符的口令就会造成缓冲区溢出。

解决方案：

● 编写正确的代码。只要在所有拷贝数据的地方进行数据长度和有效性的检查，确保目标缓冲区中数据不越界并有效，则就可以避免缓冲区溢出，更不可能使程序跳转到恶意代码上。

● 缓冲区不可执行。通过使被攻击程序的数据段地址空间不可执行，从而使得攻击者不可能执行被植入被攻击程序输入缓冲区的代码，这种技术被称为缓冲区不可执行技术。

● 改进 C 语言函数库。C 语言中存在缓冲区溢出攻击隐患的系统函数有很多。例如 gets()、sprintf()、strcpy()、strcat()、fscanf()、scanf()、vsprintf()等。可以开发出更安全的封装了若干已知易受堆栈溢出攻击的库函数。

● 使堆栈向高地址方向增长。使用的机器堆栈压入数据时向高地址方向前进，那么无论缓冲区如何溢出，都不可能覆盖低地址处的函数返回地址指针，也就避免了缓冲区溢出攻击。但是这种方法仍然无法防范利用堆和静态数据段的缓冲区进行溢出的攻击。

● 程序指针完整性检查。原理是在每次在程序指针被引用之前先检测该指针是否已被恶意改动过，如果发现被改动，程序就拒绝执行。

参考答案

【问题 1】

gets(userPassword)只要输入 24 个字符，其中前 12 个字符和后 12 个字符完全相同，就可以在不知道的原始口令"Secret"的情况下绕过该口令验证函数的限制。

【问题 2】

存在缓冲区溢出问题。检查代码正确性，检查输入口令长度。

试题二（共 12 分）

阅读以下说明，回答问题 1 至问题 4，将解答填入答题纸的对应栏内。

【说明】

基于 Windows 32 位系统分析下列代码，回答相关问题。

```
void Challenge(char *str)
{
    char temp[9]={0};
    strncpy(temp,str,8);
    printf("temp=%s\n",temp);
    if(strcmp(temp,"Please!@")==0){
```

```
        printf("KEY: ****");
    }
}
int main(int argc,char *argv[ ])
{
    char buf2[16]
    int check=1;
    char buf[8]
    strcpy (buf2, "give me key! !");
    strcpy(buf, argv[1]);
    if(check==65) {
        Challenge(buf);
    }
    else {
        printf("Check is not 65 (%d) \n Program terminated!!\n",check);
    }
    return 0;
}
```

【问题 1】（3 分）

main 函数内的三个本地变量所在的内存区域称为什么？它的两个最基本操作是什么？

【问题 2】（3 分）

画出 buf、check、buf2 三个变量在内存的布局图，具体如图 10-11 所示。

低地址

高地址

图 10-11　试题用图

【问题 3】（2 分）

应该给程序提供什么样的命令行参数值（通过 argv 变量传递）才能使程序执行流程进入判断语句 if(check==65)…然后调用 Challenge()函数。

【问题 4】（4 分）

上述代码所存在的漏洞名字是什么？针对本例代码，请简要说明如何修正上述代码以修补此漏洞。

试题分析

【问题1】

内存结构如图10-12所示。

图10-12　内存结构图

main()函数的三个变量：char buf2[16]、int check=1、char buf[8]，都是局部变量处于栈区。栈区的两个操作就是压栈（push）、出栈（pop）。

【问题2】

进入栈区的次序是先进的在堆栈最里端。变量进入栈区的次序为buf2、check、buf。

而依据C语言，char变量占1字节，所以buf2是16字节，buf是8字节；int变量占4字节，所以check是4个字节。

【问题3】

由图10-13可以知道，当写入buf数组的数据超过8位时，就发生缓冲区溢出，多余的值会向高地址位写，从而可能会覆盖高地址的check、buf2变量的值。

当写入buf数组的数据形式是"*********A……"（*代表任何字符），那么buf数组第9位的"A"值就覆盖了check的原来值，变成了65（A的ASCII码的值是65）。

此时，程序执行语句if(check==65)，就会直接调用Challenge()函数。

注意：本题图用了障眼法，将高地址标在了图的底部，低地址标在了图的顶部。

【问题4】

原因是没有对输入的变量进行长度检测，没有判断数组越界的情况，从而引发缓冲区溢出。

解决方法：检查strcpy(buf,argv[1])语句中，输入buf数组数据的长度。

（1）当写入buf的数据超过8位，会向高地址位写，覆盖了check、buf2的值。

（2）如果写入buf的数据形式是"********A……"，那么第9位就覆盖了check值，变成了65。

*可以是任何字符

图 10-13　buf 地址写入内存图示

参考答案

【问题1】栈区（可以写堆栈）；压栈（push）、出栈（pop）。

【问题2】

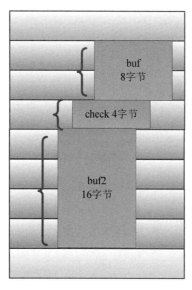

【问题3】输入 buf 数组的数据形式是"********A……"（*代表任何 1 位字符，A 为大写字母）。

【问题4】缓存溢出；

解决方法：检查输入参数的长度。

试题三（共 15 分）

阅读下列说明和 C 语言代码，回答问题 1 至问题 4，将解答填入答题纸的对应栏内。

【说明】

在客户服务器通信模型中，客户端需要每隔一定时间向服务器发送数据包，以确定服务器是否掉线，服务器也能以此判断客户端是否存活，这种每隔固定时间发一次的数据包也称为心跳包。心跳包的内容没有什么特别的规定，一般都是很小的包。某系统采用的请求和应答两种类型的心跳包格式如图 10-14 所示。

心跳包类型 （1字节）	心跳包数据长度 （2字节）	数据/负载

心跳包协议字段组成

图 10-14　协议包格式

心跳包类型占 1 个字节，主要是请求和响应两种类型。心跳包数据长度字段占 2 个字节，表示后续数据或者负载的长度。

接收端收到该心跳包后的处理函数是 process_ heartbeat ()，其中参数 p 指向心跳包的报文数据，s 是对应客户端的 socket 网络通信套接字。

```
void process_heartbeat(unsigned char *p,SOCKET s)
{
unsigned short hbtype
unsigned int payload
hbtype=*p++;        //心跳包类型
n2s(p,payload);     //心跳包数据长度
pl=p;        //pl 指向心跳包数据
If(hbtype==HB_REQUEST) {
unsigned char*buffer,*bp;
buffer=malloc(1+2+payload);
bp=buffer;            //bp 指向刚分配的内存
*bp++=HB_RESPONSE;  //填充 1byte 的心跳包类型
s2n(payload,bp);        //填充 2 bytes 的数据长度
memcpy(bp,pl,payload);
/*将构造好的心跳响应包通过 socket s 返回给客户端  */
r=write_bytes(s,buffer,3+payload);
}
}
```

【问题 1】（4 分）

（1）心跳包数据长度字段的最大取值是多少？

（2）心跳包中的数据长度字段给出的长度值是否必须和后续的数据字段的实际长度一致？

【问题 2】（5 分）

（1）上述接收代码存在什么样的安全漏洞？

（2）该漏洞的危害是什么？

【问题 3】（2 分）

模糊测试（Fuzzing）是一种非常重要的信息系统安全测评方法，它是一种基于缺陷注入的自动化测试技术。请问模糊测试属于黑盒测试还是白盒测试？其测试结果是否存在误报？

【问题 4】（4 分）

模糊测试技术能否测试出上述代码存在的安全漏洞？为什么？

试题分析

【问题 1】

（1）心跳包数据长度字段占 2 个字节，表示后续数据或者负载的长度。所以心跳包数据长度字段的最大取值为 2^{16}=64KB

（2）必须一致

【问题 2】

OpenSSL 的心跳处理逻辑没有检测心跳包中的长度字段是否和后续的数据字段相符合，攻击者可以利用这一点，构造异常的数据包，来获取心跳数据所在的内存区域的后续数据。这些数据中可能包含了证书私钥、用户名、用户密码、用户邮箱等敏感信息。该漏洞允许攻击者从内存中读取多达 64KB 的数据。

【问题 3】

相关知识点解释参见《信息安全工程师 5 天修炼》（施游　朱小平编著，中国水利水电出版社，2017 年版）的 "8.2.4　信息系统安全测评"。

模糊测试：属于软件测试中的黑盒测试，是一种通过向目标系统提供非预期的输入并监视异常结果来发现软件漏洞的方法。模糊测试不需要程序的源代码就可以发现问题。

模糊测试是一种自动化的动态漏洞挖掘技术，不存在误报，也不需要人工进行大量的逆向分析工作。

【问题 4】

可利用黑盒测试方法向服务器发送特定报文，通过服务器返回数据解析出报文，解析并判断是否存在 "心脏出血" 漏洞。

参考答案

【问题 1】

（1）64KB。

（2）必须一致。

【问题 2】

（1）"心脏出血" 漏洞。

（2）造成重要信息泄露。

【问题3】

（1）黑盒测试。

（2）不存在误报。

【问题4】

（1）能。

（2）可利用黑盒测试方法向服务器发送特定报文，通过服务器返回数据解析出报文，解析并判断是否存在"心脏出血"漏洞。

试题四（共17分）

阅读下列说明和图，回答问题1至问题4，将解答填入答题纸的对应栏内。

【说明】

信息系统安全开发生命周期（Security Development Life Cycle，SDLC）是微软提出的从安全角度指导软件开发过程的管理模式，它将安全纳入信息系统开发生命周期的所有阶段，各阶段的安全措施与步骤如图10-15所示。

图10-15　试题用图

【问题1】（4分）

在培训阶段，需要对员工进行安全意识培训，要求员工向弱口令说不！针对弱口令最有效的攻击方式是什么？以下口令中，密码强度最高的是（　　）。

A．security2019　　　　　B．2019Security　　C．Security@2019　D．Security2019

【问题2】（6分）

大数据时代，个人数据正被动地被企业搜集并利用，在需求分析阶段，需要考虑采用隐私保护技术防止隐私泄露，从数据挖掘的角度，隐私保护技术主要有基于数据失真的隐私保护技术、基于数据加密的隐私保护技术、基于数据匿名隐私保护技术。

请问以下隐私保护技术分别属于上述三种隐私保护技术的哪一种？

（1）随机化过程修改敏感数据。

（2）基于泛化的隐私保护技术。

（3）安全多方计算隐私保护技术。

【问题3】（4分）

有下述口令验证代码：

```
#define PASSWORD "1234567"
int verity password(char *password)
{
int authenticated;
char buffer[8];
authenticated="strcmp(password,PASSWORD);
strcpy(buffer, password);
return authenticated;
}
int main(int argc, char*argy[])
{
int valid-flag=0
char password[1024]
while(1)
{
printf("please input password: ");
scanf("%s",password);
valid_flag= verity password(password);/验证口令
if(valid-flag)// 口令无效
    {
        printf("incorrect password!\n\n ")
    }
else // 口令有效
    {
        printf(Congratulation! You have passed the verification!\n");
        break;
    }
    }
}
```

其中 main 函数在调用 verify-password 函数进行口令验证时，堆栈的布局如图 10-16 所示。

图 10-16　堆栈的布局

请问调用 verify password 函数的参数满足什么条件，就可以在不知道真实口令的情况下绕过口令验证功能？

【问题 4】（3 分）

SDLC 安全开发模型的实现阶段给出了三种可以采取的安全措施，请结合[问题 3]的代码举例说明。

试题分析

【问题 1】

如果启用"密码必须符合复杂性要求"策略，密码必须符合下列最低要求：

（1）不能包含用户的账户名，不能包含用户姓名中超过两个连续字符的部分。

（2）至少有六个字符长

（3）包含以下四类字符中的三类字符：英文大写字母（A～Z），英文小写字母（a～z），10 个基本数字（0～9），非字母字符（例如!、$、#、%）。

（4）启用"密码必须符合复杂性要求"策略后，操作系统会在更改或创建密码时执行复杂性要求。

【问题 2】

从数据挖掘的角度，隐私保护技术主要可以分为以下三类：

（1）基于数据失真的技术：使敏感数据失真，但同时保持某些关键数据或数据属性不变的方法。例如，采用添加噪声、交换等技术对原始数据进行扰动处理，但要求保证处理后的数据仍然可以保持某些统计方面的性质，以便进行数据挖掘等操作。

（2）基于数据加密的技术：采用加密技术在数据挖掘过程中隐藏敏感数据的方法。

（3）基于数据匿名化的技术：根据具体情况有条件地发布数据。如不发布数据的某些域值、数据泛化。

【问题 3】

strcpy(buffer,password)，如果 password 数组过长，赋值给 buffer 数组后，就能够让 **buffer** 数组越界。而越界的 **buffer[8~11]** 将值写入相邻的变量 **authenticated** 中。

如果 password [8~11]巧好内容为 4 个空字符，由于空字符的 ASCII 码值为 0，这部分溢出数据恰好把 **authenticated** 改为 0，则系统密码验证程序被跳过，无需输入正确的密码"1234567"。

【问题 4】

（1）使用批准工具：编写安全代码。

（2）禁用不安全函数：禁用 C 语言中有隐患的函数，例如 gets()、sprintf()、strcpy()、strcat()、fscant()、scant()、vsprintf()等。

（3）静态分析：检测程序指针的完整性。

参考答案

【问题 1】

针对弱口令最有效的攻击方式是穷举攻击。（2 分）

C（2 分）

【问题 2】

（1）随机化过程修改敏感数据属于**基于数据失真的隐私保护技术**。

（2）基于泛化的隐私保护技术属于**基于数据匿名的隐私保护技术**。

（3）安全多方计算隐私保护技术属于**基于数据加密的隐私保护技术**。

【问题 3】

参数 password 的值满足的条件为：

password 数组长度大于等于 12 个字符，其中，password[8]～password[11]这部分每个字符均为空字符。

【问题 4】

（1）使用批准工具：编写安全代码。

（2）禁用不安全函数：禁用 C 语言中有隐患的函数。

（3）静态分析：检测程序指针的完整性。

10.5　符号化过程题

试题一（共 18 分）

阅读下列说明，回答问题 1 至问题 4，将解答填入答题纸的对应栏内。

【说明】

用户的身份认证是许多应用系统的第一道防线，身份识别对确保系统和数据的安全保密极其重要，以下过程给出了实现用户 B 对用户 A 身份的认证过程。

1.A->B:A

2.B->A:{B，Nb}pk(A)

3.A->B:h(Nb)

此处，A 和 B 是认证实体，Nb 是一个随机值，pk(A)表示实体 A 的公钥，{B，Nb}pk(A)表示用 A 的公钥对消息{B，Nb}进行加密处理，h(Nb)表示用哈希算法 h 对 Nb 计算哈希值。

【问题 1】（5 分）

认证与加密有哪些区别？

【问题 2】（6 分）

（1）包含在消息 2 中的"Nb"起什么作用？

（2）"Nb"的选择应满足什么条件？

【问题 3】（3 分）

为什么消息 3 中的 Nb 要计算哈希值？

【问题 4】（4 分）

上述协议存在什么安全缺陷？请给出相应的解决思路。

试题分析

【问题1】

参见答案。

【问题2】

参见答案。

【问题3】

参见答案。

【问题4】

攻击者可以通过截获 h(Nb)冒充用户 A 的身份给用户 B 发送 h(Nb)。

解决方案：用户 A 通过将 A 的标识和随机数 Nb 进行哈希运算，将其哈希值 h(A,Nb)发送给用户 B，用户 B 接收后，利用哈希函数对自己保存的用户标识 A 和随机数 Nb 进行哈希运算，并与接收到的 h(A,Nb)进行比较。若两者相等，则用户 B 确认用户 A 的身份是真实的，否则认为用户 A 的身份被冒充。

参考答案

【问题1】

加密用于确保数据的机密性，阻止信息泄露。

认证用于确保报文发送者和接收者身份的真实性以及报文的完整性，阻止如冒充、篡改等攻击。

【问题2】

（1）Nb 是一个随机值，只有发送方 B 和 A 知道，起到抗重放攻击作用。

（2）应具备随机性，不易被猜测。

【问题3】

哈希算法具有单向性，经过哈希值运算之后的随机数，即使被攻击者截获也无法对该随机数进行还原，获取该随机数 Nb 的产生信息。

【问题4】

存在重放攻击和中间人攻击。

解决方案：针对重放攻击加入时间戳、验证码等；针对中间人攻击加入针对身份的双向验证。

试题二（共 10 分）

阅读下列说明，回答问题 1 和问题 2，将解答填入答题纸的对应栏内。

【说明】

在公钥体制中，每一用户 U 都有自己的公开密钥 PK_u 和私钥 SK_u。如果任意两个用户 A 和 B 按以下方式通信：

A 发给 B 消息 $[E_{PK_B}(m),A]$。

其中 $E_k(m)$代表用密钥 K 对消息 m 进行加密。

B 收到以后，自动向 A 返回消息 $[E_{PK_A}(m),B]$，以使 A 知道 B 确实收到消息 m。

【问题1】（4分）

用户 C 怎样通过攻击手段获取用户 A 发送给用户 B 的消息 m。

【问题2】（6分）

若通信格式变为：

A 给 B 发消息：$E_{PK_B}(E_{SK_A}(m),m,A)$

B 给 A 发消息：$E_{PK_A}(E_{SK_B}(m),m,B)$

这时的安全性如何？请分析 A、B 此时是如何相互认证并传递消息的。

试题分析

【问题1】

由于 A 发给 B 消息 $[E_{PK_B}(m),A]$，B 收到该消息后就知道是 A 发出的，但消息中的 A 是明文容易被篡改。

攻击用户 C 的攻击过程如下：

第一步：用户 C 截获消息：$(E_{PK_B}(m),A)$。

第二步：用户 C 篡改消息，并发给 B：$(E_{PK_B}(m),C)$。

第三步：用户 B 接收消息，以为是 C 发出，返回消息：$(E_{PK_C}(m),B)$。

第四步：用户 C 解密收到的消息，最后得到明文 m。

【问题2】

若通信格式变为：

A 给 B 发消息：$E_{PK_B}(E_{SK_A}(m),m,A)$

B 给 A 发消息：$E_{PK_A}(E_{SK_B}(m),m,B)$

这种方式提高了安全性，实现了加密和认证的双重功能，并且能对信息传输进行确认。但存在重放攻击的可能。

A 给 B 发消息：

（1）A 发送消息到 B：A 用私钥 SK_A 对消息 m 加密，也就是进行数字签名；附上 m 和 A 信息后；最后用 B 的公钥 PK_B 加密所有信息。

（2）B 接收了 A 发过来的消息：先用 B 的私钥解密，再用 A 的公钥验证签名信息，确认和认证 A 的身份，并得到明文 m。

B 给 A 发消息：

（1）B 发送消息到 A：B 用私钥 SK_B 对消息 m 加密，也就是进行数字签名；附上 m 和 B 信息后；最后用 A 的公钥 PK_A 加密所有信息。

（2）A 接受了 B 发过来的消息：先用 A 的私钥解密，再用 B 的公钥验证签名信息，确认和认证 B 的身份，并得到明文 m。

参考答案

【问题1】

攻击用户 C 的攻击过程如下：

第一步：用户 C 截获消息，即（$E_{PK_B}(m)$,A）。

第二步：用户 C 篡改消息，并发给 B，即（$E_{PK_B}(m)$,C）。

第三步：用户 B 接收消息，以为是 C 发出，返回消息，即（$E_{PK_C}(m)$,B）。

第四步：用户 C 解密收到的消息，最后得到明文 m。

【问题 2】

这种方式提高了安全性，实现了加密和认证的双重功能，并且能对信息传输进行确认。但存在重放攻击的可能。（2 分）

A 给 B 发消息：

（1）A 发送消息到 B：A 用私钥 SK_A 对消息 m 加密，也就是进行数字签名；附上 m 和 A 信息后；最后用 B 的公钥 PK_B 加密所有信息。

（2）B 接受了 A 发过来的消息：先用 B 的私钥解密，再用 A 的公钥验证签名信息，确认和认证 A 的身份，并得到明文 m。

同样，A 也可以 $E_{PK_A}(E_{SK_B}(m),m,B)$，安全发送 m 消息，并验证 B 身份。（4 分）

试题三（共 15 分）

阅读下列说明和图，回答问题 1 至问题 3，将解答填入答题纸的对应栏内。

【说明】

密码学的基本目标是在有攻击者存在的环境下，保证通信双方（A 和 B）之间能够使用不安全的通信信道实现安全通信。密码技术能够实现信息的保密性、完整性、可用性和不可否认性等安全目标。一种实用的保密通信模型往往涉及对称加密、公钥密码、Hash 函数、数字签名等多种密码技术。

在以下描述中，M 表示消息，H 表示 Hash 函数，E 表示加密算法，D 表示解密算法，K 表示密钥，SK_A 表示 A 的私钥，PK_A 表示 A 的公钥，SK_B 表示 B 的私钥，PK_B 表示 B 的公钥，||表示连接操作。

【问题 1】（6 分）

用户 A、B 双方采用的保密通信的基本过程如图 10-17 所示。

图 10-17　保密通信模型一

请问图 10-17 所设计的保密通信模型能实现信息的哪些安全目标？图 10-17 中的用户 A 侧的 H 和 E 能否互换计算顺序？如果不能互换请说明原因；如果能互换请说明对安全目标的影响。

【问题 2】（4 分）

图 10-18 给出了另一种保密通信的基本过程。

图 10-18   保密通信模型二

请问图 10-18 设计的保密通信模型能实现信息安全的哪些特性？

【问题 3】（5 分）

为了在传输过程中能够保障信息的保密性、完整性和不可否认性，设计了一个安全通信模型，其结构如图 10-19 所示。

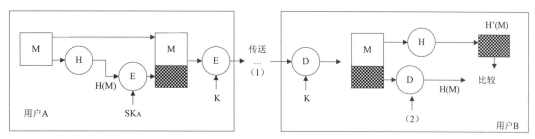

图 10-19   安全通信模型

请问图 10-19 中（1）、（2）分别应该填什么内容？

试题分析

【问题 1】

A 发送给 B：对消息 M 做摘要，然后用密钥进行加密，然后与消息 M 一并发出。

B 接收到 M 和加密后的摘要后，对加密信息进行解密得到 H'(M)；B 对接收到的 M 做摘要得到 H(M)。如果 H'(M)=H(M) 表明 M 没有被篡改。

H 和 E 不能互换计算顺序，先 Hash 摘要可以减少加密的计算量。

【问题 2】

A 发送给 B：M 消息进行 Hash 摘要，然后与消息 M 一并加密。这种方式就确保了 M 信息的机密性。

B 接收到加密信息后：解密信息，得到 M 消息和 Hash 摘要信息；B 对接收到的 M 做摘要得到 H(M)。如果 H'(M)= H(M)表明 M 没有被篡改。

【问题 3】

发送过程：

（1）对 M 摘要：H(M)。

（2）对 H(M)使用 A 的私钥 SK_A 签名：$E_{SKA}(H(M))$。

（3）合并 M 和（2）的结果，并使用共享密钥 K 对 $M\|E_{SKA}(H(M))$ 加密：$E_k[M\|E_{SKA}(H(M))]$。

接收过程：

（1）使用共享密钥 K 对接收到的信息解密，得到信息 $M\|E_{SKA}(H(M))$。

（2）使用 A 的公钥 PK_A 解密信息 $E_{SKA}(H(M))$，得到 H(M)。

（3）对 M 再次进行摘要，得到 H'(M)。如果 H'(M)= H(M)表明 M 没有被篡改。

参考答案

【问题 1】

保证 M 完整性；

不能互换，先 Hash 摘要可以减少加密的计算量。

【问题 2】

实现机密性、完整性。

【问题 3】

（1）$E_k[M\|E_{SKA}(H(M))]$

（2）PK_A

试题四（共 12 分）

阅读下列说明，回答问题 1 至问题 5， 将解答填入答题纸的对应栏内。

【说明】

假设用户 A 和用户 B 为了互相验证对方的身份，设计了如下通信协议：

1. A→B：R_A

2. B→A：$f(P_{AB}\|R_A)R_B$

3. A→B：$f(P_{AB}\|\underline{\quad\quad})$

其中：R_A、R_B 是随机数，P_{AB} 是双方事先约定并共享的口令，"||"表示连接操作，f 是哈希函数。

【问题 1】（2 分）

身份认证可以通过用户知道什么，用户有什么和用户的生理特征等方法来验证。请问上述通信协议是采用哪种方法实现的？

【问题 2】（2 分）

根据身份的互相验证需求，补充协议第 3 步的空白内容。

【问题 3】（2 分）

通常哈希函数 f 需要满足下列性质：单向性，抗弱碰撞性，抗强碰撞性，如果哈希函数具备找到任何定满足 f(x) = f(y) 的偶对(x,y)在计算上是不可行的，请说明满足哪条性质。

【问题4】（2分）

上述协议不能防止重放攻击。以下哪种改进方式能使其防止重放攻击？

（1）在发送消息加上时间参量。

（2）在发送消息加上随机数。

【问题5】（4分）

如果将哈希函数替换成对称加密函数，是否可以提高该协议的安全性？为什么？

试题分析

【问题1】

口令可以看成接收双方预先约定的秘密数据，它用来验证用户知道什么。

【问题2】

以下是本题通信过程的解释：

1．A→B：R_A 　　　　　　//A 发送随机数 R_A 给 B

2．B→A：$f(P_{AB}||R_A)||R_B$ //B 收到 R_A 后，使用单向函数 f()对共享口令 P_{AB} 和 R_A 处理加密后，联同 R_B 一并发送给 A。

A 验证 B 的身份：A 使用 f()对自己保存的 P_{AB} 和 R_A 进行加密，并与接收到的 $f(P_{AB}||R_A)$ 进行比较。如果比较结果一致，则 A 确认 B 是真实的，否则，不是真实的。

3．A→B：$f(P_{AB}||R_B)$ 　　　//A 收到 R_B 后，使用单向函数 f()对共享口令 P_{AB} 和 R_B 处理加密后，发送给 B。

B 验证 A 的身份：B 使用 f()对自己保存的 P_{AB} 和 R_B 进行加密，并与接收到的 $f(P_{AB}||R_B)$ 进行比较。如果比较结果一致，则 A 确认 B 是真实的，否则，不是真实的。

【问题3】

相关知识点解释参见《信息安全工程师 5 天修炼》（施游　朱小平编著，中国水利水电出版社，2017 年版）的"3.4　Hash 函数"。

Hash 函数的特性如下：

（1）单向性（one way）：已知 x，求 x=h(m)的 m 在计算上是不可行的。

（2）弱抗碰撞性（weakly collision free）：对于任意给定的消息 m，如果找到另一不同消息 m′，使得 h(m) =h(m′)在计算上是不可行的。

（3）强抗碰撞性（strongly collision free）：寻找两个不同的消息 m 和 m′，使得 h(m) =h(m′)在计算上是不可行的。

【问题4】

加随机数、时间戳、序号等方法可以防止重放攻击。

【问题5】

对称加密方式密钥存在分发和管理困难问题；同时不具备哈希函数的单向性。

参考答案

【问题1】通过用户知道什么来验证。

【问题2】R_B。

【问题 3】抗强碰撞性。

【问题 4】（1）和（2）。

【问题 5】不能。（1 分）

对称加密方式密钥存在分发和管理困难问题；同时不具备哈希函数的单向性。（3 分）

10.6 Windows 安全配置

试题一（共 6 分）

阅读下列说明，回答问题 1 至问题 2，将解答填入答题纸的对应栏内。

【说明】

Windows 系统的用户管理配置中，有多项安全设置，如图 10-20 所示。

图 10-20 试题用图

【问题 1】（3 分）

请问密码和账户锁定安全选项设置属于图中安全设置的哪一项？

【问题 2】（3 分）

Windows 的密码策略中的安全策略就是要求密码必须符合复杂性要求，如果启用此策略，那么请问：用户 Administrator 拟选取的以下六个密码中的哪些符合此策略？

123456   Admin123   Abcd321   Admin@   test123！   123@host

试题分析

【问题 1】

账户策略主要包括密码策略和账户锁定策略两种安全设置，具体如图 10-21 所示。

图 10-21　账户策略

【问题 2】

Windows 的密码开启"密码必须符合复杂性要求"策略时，具体说明如图 10-22 所示。

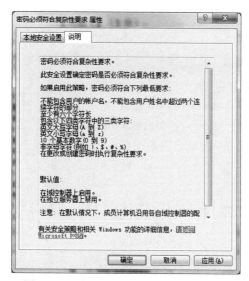

图 10-22　密码必须符合复杂性要求说明

如果启用"密码必须符合复杂性要求"策略，密码必须符合下列最低要求：

（1）不能包含用户的账户名，不能包含用户姓名中超过两个连续字符的部分。

（2）至少有六个字符长。

（3）包含以下四类字符中的三类字符：英文大写字母（A～Z），英文小写字母（a～z），10 个基本数字（0～9），非字母字符（例如 !、$、#、%）。

启用"密码必须符合复杂性要求"策略后，操作系统会在更改或创建密码时执行复杂性要求。

依据上述条件限制，只有 Abcd321、test123!、123@host 符合复杂性要求。

参考答案

【问题 1】

账号策略。

【问题 2】

Abcd321   test123！   123@host

10.7　Linux 安全配置

试题一（共 15 分）

阅读下列说明，回答问题 1 至问题 3，将解答填入答题纸的对应栏内。

【说明】在 Linux 系统中，用户账号是用户的身份标志，它由用户名和用户口令组成。

【问题 1】（4 分）

Linux 系统将用户名和口令分别保存在哪些文件中？

【问题 2】（7 分）

Linux 系统的用户名文件通常包含如下形式的内容：

root:x:0:0:root:root:/bin/bash

bin:x:1:1:bin:/bin:/shin/nologin

hujw:x:500:500:hujianwei:/home/hujw:/bin/bash

文件中的一行记录对应着一个用户，每行记录用冒号（:）分隔为 7 个字段，请问第一个冒号（第二列）和第二个冒号（第三列）的含义是什么？上述用户名文件中，第三列的数字分别代表什么含义？

【问题 3】（4 分）

Linux 系统中用户名文件和口令字文件的默认访问权限分别是什么？

试题分析

【问题 1】

Linux 系统中的/etc/passwd 文件是用于存放用户密码的重要文件，这个文件对所有用户都是可读的，系统中的每个用户在/etc/passwd 文件中都有一行对应的记录。/etc/shadow 保存着加密后的用户口令。

【问题 2】

/etc/passwd 中一行记录对应着一个用户，每行记录又被冒号（:）分隔为 7 个字段，其格式和具体含义如下：

用户名:口令:用户 ID:用户组 ID:注释:主目录:登录 Shell

- 用户名：一个用户的唯一标示，用户登录时所用用户名。
- 口令：早期 Linux 密码加密存放在该字段中，每个用户均能读取，存在隐患；现在 Linux

采用影子密码，存放在/etc/shadow 中，只有 root 用户能查看。

- 用户 ID：用户 ID 使用整数表示。值为 0 表示系统管理员，值为 1~499 表示系统保留账号，值大于 500 表示一般账号。
- 用户组 ID：唯一的标识了一个用户组。
- 注释：用户账号注释。
- 主目录：用户目录。
- 登录 Shell：通常是/bin/bash。

【问题 3】

/etc/passwd 和/etc/shadow 默认访问权限分别为 rw- r-- r--；　r-- r-- ---。

参考答案

【问题 1】

Linux 系统将用户名保存在/etc/passwd 中；

Linux 系统将口令保存在/etc/shadow 中。

【问题 2】

第一个冒号（第二列）表示口令；

第二个冒号（第三列）表示用户标识号；

root 用户的标识号为 0；bin 用户的标识号为 1；hujw 用户的标识号为 500。

【问题 3】

/etc/passwd 和/etc/shadow 默认访问权限分别为 rw- r-- r--；　r-- r-- ---。

10.8　恶意代码防护题

试题一（共 15 分）

阅读下列说明，回答问题 1 至问题 4，将解答填入答题纸的对应栏内。

【说明】恶意代码是指为达到恶意目地专门设计的程序或者代码。常见的恶意代码类型有特洛伊木马、蠕虫、病毒、后门、Rootkit、僵尸程序、广告软件。2017 年 5 月，勒索软件 WanaCry 席卷全球，国内大量高校及企事业单位的计算机被攻击，文件及数据被加密后无法使用，系统或服务无法正常运行，损失巨大。

【问题 1】（2 分）

按照恶意代码分类，此次爆发的恶意软件属于哪种类型？

【问题 2】（2 分）

此次勒索软件针对软件攻击目标是 Windows 还是 Linux 类系统？

【问题 3】（6 分）

恶意代码具有的共同特征是什么？

【问题4】（5分）

由于此次勒索软件需要利用系统的 SMB 服务漏洞（端口号 445）进行传播，我们可以配置防火墙过滤规则来阻止勒索软件的攻击，请填写表 10-6 中的空（1）～（5），使该过滤规则完整。

注：假设本机 IP 地址为 1.2.3.4，"*" 表示通配符。

表 10-6　防火墙过滤规则表

规则号	源地址	目地地址	源端口	目地端口	协议	ACK	动作
1	（1）	1.2.3.4	（2）	（3）	（4）	（5）	拒绝
...	...	...	...	...	...	...	...
...	*	*	*	*	*	*	拒绝

试题分析

【问题1】

WannaCry（又叫 Wanna Decryptor）是一种"蠕虫式"的勒索病毒软件，大小为 3.3MB，由不法分子利用美国国家安全局（National Security Agency，NSA）泄露的危险漏洞"EternalBlue"（永恒之蓝）进行传播。

当用户主机系统被该勒索软件入侵后，弹出勒索对话框，提示勒索目的并向用户索要比特币。而对于用户主机上的重要文件，如照片、图片、文档、压缩包、音频、视频、可执行程序等几乎所有类型的文件，都被加密的文件后缀名统一修改为".WNCRY"。目前，安全业界暂未能有效破除该勒索软件的恶意加密行为，用户主机一旦被勒索软件渗透，只能通过重装操作系统的方式来解除勒索行为，但用户重要数据文件不能直接恢复。

【问题2】

WannaCry 主要利用了微软 Windows 操作系统的漏洞，以获得自动传播的能力。

【问题3】

相关知识点解释参见《信息安全工程师 5 天修炼》（施游　朱小平编著，中国水利水电出版社，2017 年版）的"5.2　恶意代码"。

恶意代码的特点如下：

（1）恶意的目的。

（2）本身是计算机程序。

（3）通过执行发生作用。

【问题4】

防火墙设置就是关闭外网到内网，TCP 协议 445 端口的连接。

参考答案

【问题1】蠕虫病毒。

【问题2】Windows 操作系统。

【问题 3】恶意代码的特点如下:
(1)恶意的目的。
(2)本身是计算机程序。
(3)通过执行发生作用。
【问题 4】
(1)*   (2)>1024   (3)445   (4)TCP   (5)*

10.9 密码学算法题

试题一(共 16 分)

阅读下列说明,回答问题 1 至问题 5,将解答填入答题纸的对应栏内。

DES 是一种分组密码,已知 DES 加密算法的某个 S 盒见表 10-7。

表 10-7 S 盒

	0	1	2	3	4	5	6	7	8	9	10	11	12	13	14	15
0	7	13	14	3	0	6	9	(1)	1	2	8	5	11	12	4	15
1	13	8	11	5	(2)	15	0	3	4	7	2	12	1	10	14	9
2	10	6	9	0	12	11	7	13	15	(3)	3	14	5	2	8	4
3	3	15	0	6	10	1	13	8	9	4	5	(4)	12	7	2	14

【问题 1】(4 分)
请补全该 S 盒,填补其中的空(1)~(4),将解答写在答题纸的对应栏内。

【问题 2】(2 分)
如果该 S 盒的输入为 110011,请计算其二进制输出。

【问题 3】(6 分)
DES 加密的初始置换表如下:

58	50	42	34	26	18	10	2
60	52	44	36	28	20	12	4
62	54	46	38	30	22	14	6
64	56	48	40	32	24	16	8
57	49	41	33	25	17	9	1
59	51	43	35	27	19	11	3
61	53	45	37	29	21	13	5
63	55	47	39	31	23	15	7

置换时，从左上角的第一个元素开始，表示输入的明文的第 58 位置换成输出的第 1 位，输入明文的第 50 位置换成输出的第 2 位，从左至右，从上往下，以此类推。

DES 加密时，对输入的 64 位明文首先进行初始置换操作。

若置换输入的明文 M=0123456789ABCDEF（十六进制），请计算其输出（十六进制表示）。

【问题 4】（2 分）

如果有简化的 DES 版本，其明文输入为 8 比特，初始置换表 IP 如下：

IP：2 6 3 1 4 8 5 7

请给出其逆初始置换表。

【问题 5】（2 分）

DES 加密算法存在一些弱点和不足，主要有密钥太短和存在弱密钥。请问弱密钥的定义是什么？

试题分析

【问题 1】

DES 算法中的每个 S 盒都是由 4 行 16 列的矩阵构成，每行都是 0 到 15 这 16 个数字，通过题目给出 S 盒表的缺失项可以分析得出，第 0 行缺少 10，第 1 行缺少 6，第 3 行缺少 1，第 4 行缺少 11。

【问题 2】

0100 S 盒的运算规则，设输入为 110011：

第一位和第六位数字组成的二进制数为 11=$(3)_{10}$，表示选中该 S 盒表中的行号为 3 的一行；

其余 4 位数字组成的二进制数为 1001=$(9)_{10}$，表示选中该 S 盒表中列号为 9 的一列。

S 盒表的第 3 行，第 9 列的值为 4，转换成二进制为 0100。

【问题 3】

DES 的初始置换表就是要打乱明文的顺序，其步骤如下：

首先，将 M=$(0123456789ABCDEF)_{16}$ 表示成二进制形式，即 1 位十六进制数字可表示为 4 位二进制，即 M=(00000001 00100011 01000101 01100111 10001001 10101011 11001101 11101111)$_2$。

然后，按照初始置换表进行置换，基本置换规则为：原始数据中的第 58 位放在第 1 位；第 50 位放第 2 位；第 42 位放第 3 位，……，其余以此类推。

置换后的结果为：M' =(11001100 00000000 11001100 11111111 11110000 10101010 11110000 10101010)$_2$ =$(CC00CCFFF0AAF0AA)_{16}$

M=$(0123456789ABCDEF)_{16}$ =(00000001 00100011 01000101 01100111 10001001 10101011 11001101 11101111)$_2$

经过 IP 置换,结果为：M' =(11001100 00000000 11001100 11111111 11110000 10101010 11110000 10101010)$_2$ =$(CC00CCFFF0AAF0AA)_{16}$

【问题 4】

逆初始置换是在初始置换的基础上进行逆置换；比如原始数据顺序为 1 2 3 4 5 6 7 8，经过初始置换之后变为 2 6 3 1 4 8 5 7，则逆初始置换是要将其顺序进行还原。

比如，原始数据中第 1 位数据经初始置换之后放到了第 4 位，那么逆初始置换就要将初始置换后的第 4 位放到第 1 位，即逆初始置换表第 1 位为 4；

原始数据中第 2 位数据经初始置换之后放到了第 1 位，那么逆初始置换就要将初始置换后的第 1 位放到第 2 位，即逆初始置换表第 2 位为 1；

其余以此类推，得出该逆初始置换表为 4 1 3 5 7 2 8 6。

【问题 5】

DES 算法中存在着弱密钥和半弱密钥。

（1）弱密钥：如果存在一个密钥，由其产生的子密钥是相同的，则称其为弱密钥。

DES 中存在 4 个弱密钥，如下：

弱密钥 1：K_1=……=K_{16}=$(000000000000)_{16}$

弱密钥 2：K_1=……=K_{16}=$(FFFFFFFFFFFF)_{16}$

弱密钥 3：K_1=……=K_{16}=$(000000FFFFFF)_{16}$

弱密钥 4：K_1=……=K_{16}=$(FFFFFF000000)_{16}$

（2）半弱密钥：有些种子密钥只能生成两个不同的子密钥，这样的种子密钥 K 称为半弱密钥，DES 至少存在 12 个半弱密钥。半弱密钥将导致把明文加密成相同的密文。

参考答案

【问题 1】

（1）10　　（2）6　　（3）1　　（4）11

【问题 2】

0100

【问题 3】

M=$(00000001\ 00100011\ 01000101\ 01100111\ 10001001\ 10101011\ 11001101\ 11101111)_2$

经过 IP 置换

M'=$(11001100\ 00000000\ 11001100\ 11111111\ 11110000\ 10101010\ 11110000\ 10101010)_2$

IP=$(CC00CCFFF0AAF0AA)_{16}$

【问题 4】

4 1 3 5 7 2 8 6

【问题 5】

如果存在一个密钥 K，由其产生的子密钥是相同的，则称其为弱密钥。

第**11**章
模拟试题

11.1　上午—试题

● 计算机犯罪是指利用信息科学技术且以计算机为犯罪对象的犯罪行为。具体可以从犯罪工具角度、犯罪关系角度、资产对象角度、信息对象角度等方面定义。从___(1)___角度，是利用计算机犯罪。以构成犯罪行为和结果的空间为标准，可分为预备性犯罪和实行性犯罪。从___(2)___角度，计算机犯罪是指与计算机相关的危害社会并应当处以刑罚的行为。

  (1) A. 犯罪工具角度   B. 犯罪关系角度

     C. 资产对象角度   D. 信息对象角度

  (2) A. 犯罪工具角度   B. 犯罪关系角度

     C. 资产对象角度   D. 信息对象角度

● 我国___(3)___杂凑密码算法的 ISO/IEC10118-3:2018《信息安全技术　杂凑函数　第 3 部分:专用杂凑函数》最新一版（第 4 版）由国际标准化组织（ISO）发布。

  A. SM1   B. SM2   C. SM3   D. SM4

● 《中华人民共和国刑法》第二百八十五条（非法侵入计算机信息系统罪）:违反国家规定，侵入国家事务、国防建设、尖端科学技术领域的计算机信息系统的，处___(4)___年以下有期徒刑或者拘役。

  A. 五   B. 三   C. 十   D. 一

● 《全国人民代表大会常务委员会关于维护互联网安全的决定》明确了可依照《中华人民共和国刑法》有关规定追究刑事责任的行为。其中___(5)___不属于威胁互联网运行安全的行为;___(6)___不属于威胁国家安全和社会稳定的行为。

（5）A．侵入国家事务、国防建设、尖端科学技术领域的计算机信息系统

　　　　B．故意制作、传播计算机病毒等破坏性程序，攻击计算机系统及通信网络，致使计算机系统及通信网络遭受损害

　　　　C．违反国家规定，擅自中断计算机网络或者通信服务，造成计算机网络或者通信系统不能正常运行

　　　　D．利用互联网销售伪劣产品或者对商品、服务作虚假宣传

（6）A．通过互联网窃取、泄露国家秘密、情报或者军事秘密

　　　　B．利用互联网煽动民族仇恨、民族歧视，破坏民族团结

　　　　C．利用互联网组织邪教组织、联络邪教组织成员，破坏国家法律、行政法规实施

　　　　D．利用互联网侮辱他人或者捏造事实诽谤他人

● 《计算机信息系统　安全保护等级划分准则》（GB 17859－1999）中规定了计算机系统安全保护能力的五个等级，其中__（7）__的主要特征是计算机信息系统可信计算基对所有主体及其所控制的客体（例如：进程、文件、段、设备）实施强制访问控制。

　A．用户自主保护级　　　　　　　　　B．系统审计保护级

　C．安全标记保护级　　　　　　　　　D．结构化保护级

● 近代密码学认为，一个密码仅当它能经得起__（8）__时才是可取的。

　A．已知明文攻击　　　　　　　　　　B．基于物理的攻击

　C．差分分析攻击　　　　　　　　　　D．选择明文攻击

● 《中华人民共和国网络安全法》要求，采取监测、记录网络运行状态、网络安全事件的技术措施，并按照规定留存相关的网络日志不少于__（9）__个月。

　A．一　　　　　　　B．三　　　　　　C．六　　　　　　D．十二

● 依据《中华人民共和国网络安全法》网络运营者应当制定__（10）__，及时处置系统漏洞、计算机病毒、网络攻击、网络侵入等安全风险。

　A．网络安全事件应急演练方案　　　　B．网络安全事件应急预案

　C．网络安全事件补救措施　　　　　　D．网络安全事件应急处置措施

● 一个密码系统如果用 E 表示加密运算，D 表示解密运算，M 表示明文，C 表示密文，则下面描述必然成立的是__（11）__。

　A．E(E(M))=C　　　B．E(D(C))=C　　C．D(E(M))=C　　D．D(D(M))=M

● 以下关于 S/Key 的说法正确的是__（12）__。

　A．S/Key 不适合用于身份认证

　B．S/key 口令是一种一次性口令生成方案

　C．S/key 口令可解决重放攻击

　D．S/Key 协议的操作是基于客户端/服务器端模式

● 隐私保护技术可以有多种，其中，采用添加噪声、交换等技术对原始数据进行扰动处理，但要求保证处理后的数据仍然可以保持某些统计方面的性质，以便进行数据挖掘等操作。属于

(13) 。
A．基于数据分析的隐私保护技术
B．基于数据失真的隐私保护技术
C．基于数据匿名化的隐私保护技术
D．基于数据加密的隐私保护技术

● 所谓个人位置隐私，是指由于服务或系统需要用户提供自身的"身份，位置，时间"三元组信息而导致的用户隐私泄露问题。 (14) 不属于位置隐私保护体系结构。
A．集中式体系结构
B．客户/服务器体系结构
C．B/S 体系结构
D．分布式体系结构

● (15) 波及一个或多个省市的大部分地区，极大威胁国家安全，引起社会动荡，对经济建设有极其恶劣的负面影响，或者严重损害公众利益。
A．特别重大的社会影响
B．重大的社会影响
C．较大的社会影响
D．一般的社会影响

● 应急响应计划中的 (16) 是标识信息系统的资产价值，识别信息系统面临的自然和人为的威胁，识别信息系统的脆弱性，分析各种威胁发生的可能性。
A．风险评估
B．业务影响分析
C．制订应急响应策略
D．制订网络安全预警流程

● 下列关于编制应急响应预案的说法，错误的是 (17) 。
A．应急响应预案应当描述支持应急操作的技术能力，并适应机构要求
B．应急响应预案需要在详细程度和灵活程度之间取得平衡，通常是计划越简单，其方法就越缺乏弹性和通用性
C．预案编制者应当根据实际情况对其内容进行适当调整、充实和本地化，以更好地满足组织特定系统、操作和机构需求
D．预案应明确、简洁、易于在紧急情况下执行，并尽量使用检查列表和详细规程

● 业务连续性管理框架中，确定 BCM 战略不包括以下哪个内容？ (18)
A．事件的应急处理计划
B．连续性计划
C．识别关键活动
D．灾难恢复计划

● 属于散布险情、疫情、警情等违法有害信息的是 (19) 。
A．某甲路过某地火灾现场，拍照、视频并上传到个人空间
B．某乙从医院病友处听到某新型禽流感发生的消息，发布在朋友圈
C．某丙聚集朋友在飞机上打牌，说出"炸弹"等牌语
D．某丁公务员考试未中，发帖怀疑结果内定

● (20) 是对信息系统弱点的总称，是风险分析中最重要的一个环节。
A．脆弱性
B．威胁
C．资产
D．损失

● 关于日志与监控，下列说法不正确的是 (21) 。
A．系统管理员和系统操作员往往拥有较高的系统权限，应记录他们的活动并定期审查
B．需要保护系统日志，因为如果其中的数据被修改或删除，可能导致一个错误的安全判断

C．不需要有额外的保护机制和审查机制来确保特权用户的可核查性

D．记录日志的设施和日志信息应加以保护，以防止篡改和未授权的访问

● 信息系统安全风险评估是信息安全保障体系建立过程中重要的　(22)　和决策机制。

A．信息来源　　　　B．评价方法　　　　C．处理依据　　　　D．衡量指标

● 信息系统安全管理强调按照"三同步"原则进行，即　(23)　、同步建设、同步运行。

A．同步实施　　　　B．同步发布　　　　C．同步设计　　　　D．同步部署

● 　(24)　是指除计算机病毒以外，利用信息系统缺陷，通过网络自动复制并传播的有害程序。

A．计算机病毒　　　B．蠕虫　　　　　　C．特洛伊木马　　　D．僵尸网络

● 　(25)　是一个全盘的管理过程，重在识别潜在的影响，建立整体的恢复能力和顺应能力，在危机或灾害发生时保护信息系统所有者的声誉和利益。

A．业务一致性管理　　　　　　　　　B．业务连接性管理

C．业务连续性管理　　　　　　　　　D．业务协调性管理

● 《商用密码管理条例》规定，　(26)　主管全国的商用密码管理工作。

A．公安部　　　　　　　　　　　　　B．国安部

C．国家密码管理机构　　　　　　　　D．网络安全和信息化委员会办公室

● 　(27)　负责研究提出涉密信息系统安全保密标准体系；制定和修订涉密信息系统安全保密标准。

A．信息安全标准体系与协调工作组（WG1）

B．涉密信息系统安全保密标准工作组（WG2）

C．密码技术标准工作组（WG3）

D．鉴别与授权工作组（WG4）

● 一般情况下，核心涉密人员的脱密期为　(28)　。

A．1 年至 2 年　　　　　　　　　　　B．2 年至 3 年

C．5 年至 6 年　　　　　　　　　　　D．3 年至 5 年

● 关于 TCSEC（可信计算机系统评测准则）内容的说法，正确的是　(29)　。

A．类 A 中的级别 A1 是最高安全级　　B．类 C 中的级别 C1 是最高安全级

C．类 D 中的级别 D1 是最高安全级　　D．类 A 中的级别 A1 是最低安全级

● 以下不是为了减小雷电损失采取的措施有　(30)　。

A．设置避雷地网

B．设置安全防护地与屏蔽地

C．部署 UPS

D．在做好屏蔽措施的基础上，做好穿越防雷区域界面上不同线路的保护

● 通过各种线路传导出去，可以将计算机系统的电源线，机房内的电话线、地线等作为媒介的数据信息泄露方式称为　(31)　。

A．辐射泄露　　　　B．传导泄露　　　　C．电信号泄露　　　D．媒介泄露

● 安全从来就不是只靠技术就可以实现的，它是一种把技术和管理结合在一起才能实现的目标。在安全领域一直流传着一种观点："__(32)__分技术，七分管理。"

    A. 一   B. 三   C. 五   D. 九

● 网络攻击方式多种多样，从单一方式向多方位、多手段、多方法结合化发展。__(33)__是指攻击者在非授权的情况下，对用户的信息进行修改，如修改电子交易的金额。

    A. 信息泄露攻击   B. 完整性破坏攻击

    C. 拒绝服务攻击   D. 非法使用攻击

● 网络攻击是指对网络系统和信息的机密性、完整性、可用性、可靠性和不可否认性产生破坏的任何网络行为。__(34)__是指攻击者对目标网络和系统进行合法、非法的访问。

    A. 攻击者   B. 安全漏洞   C. 攻击访问   D. 攻击工具

● 应用代理是防火墙提供的主要功能之一，其中应用代理的功能不包括__(35)__。

    A. 鉴别用户身份   B. 访问控制

    C. 阻断用户与服务器的直接联系   D. 防止内网病毒传播

● 入侵检测系统（Intrusion Detection System，IDS）可以定义为"识别非法用户未经授权使用计算机系统，或合法用户越权操作计算机系统的行为"，通过收集计算机网络中的若干关键点或计算机系统资源的信息并对其进行分析，从中发现网络或系统中是否有违反安全策略的行为和被攻击的迹象的计算机系统，包含计算机软件和硬件的组合。下列不属于入侵检测系统的体系结构是__(36)__。

    A. 基于主机型   B. 基于网络型

    C. 基于主体型   D. 基于协议的入侵防御系统

● 通常所说的网络漏洞扫描，实际上是对网络安全扫描技术的一个俗称。网络安全扫描的第一阶段是__(37)__。

    A. 发现目标主机或网络

    B. 发现目标后进一步搜集目标信息

    C. 根据搜集到的信息判断或者进一步测试系统是否存在安全漏洞

    D. 根据检测到的漏洞看能否解决

● 网络隔离的关键在于系统对通信数据的控制，即通过隔离设备在网络之间不存在物理连接的前提下，完成网间的数据交换。比较公认的说法认为，网络隔离技术发展至今经历了五个阶段。第四代隔离技术是__(38)__。

    A. 硬件卡隔离   B. 完全的物理隔离

    C. 数据转播隔离   D. 空气开关隔离

● 下列关于 Botnet 的说法错误的是__(39)__。

    A. 可结合 Botnet 网络发起 DDoS 攻击

    B. Botnet 的显著特征是大量主机在用户不知情的情况下被植入的

    C. 拒绝服务攻击与 Botnet 网络结合后攻击能力大大削弱

D．Botnet 可以被用来传播垃圾邮件、窃取用户数据、监听网络

● ___（40）___ 是一种基于协议特征分析的 DoS/DDoS 检测技术。

　　A．弱口令检查　　　　　　　　　　B．TCP SYN Cookie

　　C．TCP 状态检测　　　　　　　　　D．HTTP 重定向

● PKI 是利用公开密钥技术所构建的、解决网络安全问题的、普遍适用的一种基础设施。PKI 提供的核心服务不包括的信息安全的要求是 ___（41）___。PKI 技术的典型应用不包含 ___（42）___。

　　（41）A．访问安全性　　B．真实性　　　　C．完整性　　　　D．保密性

　　（42）A．安全电子邮件　　　　　　　B．匿名登录

　　　　　 C．安全 Web 服务　　　　　　D．VPN 应用

● Web 服务器可以使用 ___（43）___ 严格约束并指定可信的内容来源。

　　A．内容安全策略　　　　　　　　　B．同源安全策略

　　C．访问控制策略　　　　　　　　　D．浏览器沙箱

● 以下关于跨站脚本的说法，不正确的是 ___（44）___。

　　A．跨站脚本攻击是常见的 Cookie 窃取方式

　　B．跨站攻击是指入侵者在远程 Web 页面的 HTML 代码中插入具有恶意目的的数据，用户认为该页面是可信赖的，但是当浏览器下载该页面，嵌入其中的脚本将被解释执行

　　C．输入检查是指对用户的输入进行检查，检查用户的输入是否符合一定的规则

　　D．可利用脚本插入实现攻击的漏洞都被称为 XSS

● 网页防篡改技术中，外挂轮巡技术又称为 ___（45）___。

　　A．时间轮巡技术　　　　　　　　　B．核心内嵌技术

　　C．事件触发技术　　　　　　　　　D．文件过滤驱动技术

● Windows 系统中的 ___（46）___，任何在本地登录的用户都属于这个组。

　　A．全局组　　　　　　B．本地组　　　　C．Interactive 组　　D．来宾组

● 在 Windows 命令窗口中输入 ___（47）___ 命令，可看到如图 11-1 所示的结果。

```
Interface List
0x1 ......................... MS TCP Loopback interface
0x2 ...00 ff 6e b0 7a 5c ...... Sangfor SSL UPN CS Support System UNIC
0x3 ...00 1f 29 9d 03 4f ...... Broadcom NetLink (TM) Gigabit Ethernet - 数据包
计划程序微型端口
0x4 ...00 1f 3b cd 29 dd ...... Intel(R) Wireless WiFi Link 4965AG - 数据包计划
程序微型端口

Active Routes:
Network Destination        Netmask          Gateway       Interface  Metric
        127.0.0.0          255.0.0.0       127.0.0.1      127.0.0.1    1
  255.255.255.255    255.255.255.255  255.255.255.255            4     1
  255.255.255.255    255.255.255.255  255.255.255.255            3     1
  255.255.255.255    255.255.255.255  255.255.255.255            2     1

Persistent Routes:
  None
```

图 11-1　命令结果

　　A．ipconfig /all　　　　B．route print　　　C．tracert -d　　　D．nslookup

- 在 Linux 中，某文件的访问权限信息为"-rwxr--r--"，以下对该文件的说明中，正确的是 （48） 。

  A．文件所有者有读、写和执行权限，其他用户没有读、写和执行权限

  B．文件所有者有读、写和执行权限，其他用户只有读权限

  C．文件所有者和其他用户都有读、写和执行权限

  D．文件所有者和其他用户都只有读和写权限

- Android 使用 （49） 作为操作系统

  A．Windows   B．Chrome OS   C．Linux   D．Mac

- （50） 是指验证用户的身份是否真实、合法。

  A．用户身份鉴别   B．用户角色   C．数据库授权   D．数据库安全

- 以下防范措施不能防范 SQL 注入攻击的是 （51） 。

  A．配置 IIS

  B．在 Web 应用程序中，将管理员账号连接数据库

  C．去掉数据库不需要的函数、存储过程

  D．检查输入参数

- 一个典型的计算机病毒的生命周期不包括以下 （52） 阶段。

  A．潜伏阶段   B．传播阶段   C．触发阶段   D．预备阶段

- 以下说法不正确的是 （53） 。

  A．扫描器是反病毒软件的核心，决定着反病毒软件的杀毒效果。大多数反病毒软件同时包含多个扫描器

  B．恶意行为分析是通过对恶意样本的行为特征进行分析和建模，从中抽取恶意代码的行为特征，在应用执行过程中，判断应用的行为序列是否符合某些已知的恶意行为

  C．基于特征码的扫描技术和基于行为的检测技术都需要执行潜在的恶意代码并分析它们的特征或行为，但是这可能会给系统带来安全问题

  D．在恶意代码检测技术中，沙箱技术会破坏主机上或其他程序数据

- 下列选项中不符合一个完善的签名必须要求的是 （54） 。

  A．签名是可信和可验证的，任何人都可以验证签名的有效性

  B．签名是不可伪造的，除了合法签名者之外，任何人伪造签名是十分困难的

  C．签名是不可复制的

  D．签名是不唯一的

- 分级保护针对的是涉密信息系统，划分等级不包括 （55） 。

  A．秘密   B．机密   C．绝密   D．公开

- 风险评估能够对信息安全事故防患于未然，为信息系统的安全保障提供最可靠的科学依据。风险评估的基本要素不包括 （56） 。

  A．要保护的信息资产   B．信息资产的脆弱性

  C．信息资产面临的威胁   D．已经渡过的风险

● 以下选项中，不属于生物识别中的表明身体特征方法的是　(57)　。

    A．掌纹识别　　　　　　B．行走步态　　　　C．人脸识别　　　D．人体气味

● WPDRRC 模型有六个环节和三大要素。其中，W 表示　(58)　。

    A．保护　　　　　　　　B．检测　　　　　　C．反应　　　　　D．预警

● 电子证据也称为计算机证据，是指在计算机或计算机系统运行过程中产生的，以其记录的内容来证明案件事实的电磁记录。其中，电子证据很容易被篡改、删除而不留任何痕迹。这是指电子证据的　(59)　特性。

    A．高科技性　　　　　　B．直观性　　　　　C．易破坏性　　　D．无形性

● 关于 MySQL 安全，以下做法不正确的是　(60)　。

    A．设置 sy1 用户，并赋予 mysql 库 user 表的存取权限

    B．尽量避免以 root 权限运行 MySQL

    C．删除匿名账号

    D．安装完毕后，为 root 账号设置口令

● 所谓水印攻击，就是对现有的数字水印系统进行攻击。水印攻击方法有很多，其中，　(61)　以减少或消除数字水印的存在为目的，包括像素值失真攻击、敏感性分析攻击和梯度下降攻击等。

    A．鲁棒性攻击　　　　　B．表达攻击　　　　C．解释攻击　　　D．法律攻击

● 已知 DES 算法 S 盒如下：

	0	1	2	3	4	5	6	7	8	9	10	11	12	13	14	15
0	7	13	14	3	0	6	9	10	1	2	8	5	11	12	4	15
1	13	8	11	5	6	15	0	3	4	7	2	12	1	10	14	9
2	10	6	9	0	12	11	7	13	15	1	3	14	5	2	8	4
3	3	15	0	6	10	1	13	8	9	4	5	11	12	7	14

    如果该 S 盒的输入为 100011，则其二进制输出为　(62)　。

    A．1111　　　　　　　　B．1001　　　　　　C．0100　　　　　D．0101

● TCP 协议使用　(63)　次握手机制建立连接，当请求方发出 SYN 连接请求后，等待对方回答　(64)　，这样可以防止建立错误的连接。

    (63) A．一　　　　　　　　B．二　　　　　　　C．三　　　　　　D．四

    (64) A．SYN，ACK　　　B．FIN，ACK　　　C．PSH，ACK　　D．RST，ACK

● 在 Kerberos 系统中，使用一次性密钥和　(65)　来防止重放攻击。

    A．时间戳　　　　　　　B．数字签名　　　　C．序列号　　　　D．数字证书

● 安全电子邮件使用　(66)　协议。

    A．PGP　　　　　　　　B．HTTPS　　　　　C．MIME　　　　　D．DES

● 下列 IP 地址中，属于私有地址的是　(67)　。

A. 100.1.32.7　　　　B. 192.178.32.2　　C. 172.17.32.15　　D. 172.35.32.244

● 操作系统的安全审计是指对系统中有关安全的活动进行记录、检查和审核。以下关于审计的说法不正确的是 （68） 。

　A. 审计是对访问控制的必要补充，是访问控制的一个重要内容，它的主要目的就是检测和阻止非法用户对计算机系统的入侵，并显示合法用户的误操作

　B. 审计是一种事先预防的手段保证系统安全，是系统安全的第一道防线

　C. 审计与监控能够再现原有的进程和问题，这对于责任追查和数据恢复非常有必要

　D. 审计会对用户使用何种信息资源、使用的时间，以及如何使用（执行何种操作）进行记录与监控

● A 方有一对密钥($K_{A公开}$,$K_{A秘密}$)，B 方有一对密钥($K_{B公开}$,$K_{B秘密}$)，A 方向 B 方发送数字签名 M，对信息 M 加密为：$M' = K_{B公开}(K_{A秘密}(M))$。B 方收到密文的解密方案是 （69） 。

　A. $K_{B公开}(K_{A秘密}(M'))$　　　　　　B. $K_{A公开}(K_{A公开}(M'))$

　C. $K_{A公开}(K_{B秘密}(M'))$　　　　　　D. $K_{B秘密}(K_{A秘密}(M'))$

● 选择明文攻击是指 （70） 。

　A. 仅知道一些密文　　　　　　　　　B. 仅知道一些密文及其所对应的明文

　C. 可得到任何明文的密文　　　　　　D. 可得到任何密文的明文

● Without proper safeguards, every part of a network is vulnerable to a security breach or unauthorized activity from （71） , competitors, or even employees. Many of the organizations that manage their own （72） network security and use the Internet for more than just sending/receiving e-mails experience a network （73） and more than half of these companies do not even know they were attacked. Smaller （74） are often complacent, having gained a false sense of security. They usually react to the last virus or the most recent defacing of their website. But they are trapped in a situation where they do not have the necessary time and （75） to spend on security.

　（71）A. intruders　　　B. terminals　　　C. hosts　　　D. users

　（72）A. exterior　　　B. internal　　　C. centre　　　D. middle

　（73）A. attack　　　　B. collapse　　　C. breakdown　　D. virus

　（74）A. users　　　　B. campuses　　　C. companies　　D. networks

　（75）A. safeguards　　B. businesses　　C. experiences　　D. resources

11.2　下午一试题

试题一（15 分）

　　勒索软件最早出现在 1989 年，当年，哈佛大学毕业的 Joseph L.Popp 创建了第一个勒索软件病毒 AIDS Trojan。在 1996 年，哥伦比亚大学和 IBM 的安全专家撰写了一个叫 Cryptovirology 的文件，

明确概述了勒索软件 Ransomware 的概念：利用恶意代码干扰中毒者的正常使用，只有交钱才能恢复正常。

2017 年 5 月 12 日，WannaCry 蠕虫通过 MS17-010 漏洞在全球范围大爆发，感染了大量的计算机，该蠕虫感染计算机后会向计算机中植入敲诈者病毒，导致计算机大量文件被加密。

【问题 1】（4 分）

WannaCry 病毒主要利用了　(1)　漏洞工具，进行网络端口攻击。该漏洞工具主要针对 Windows 的　(2)　服务模块，并可进行病毒传播。

【问题 2】（2 分）

勒索软件需要利用系统服务端口号为　(3)　。

【问题 3】（6 分）

WannaCry 病毒的主程序为 mssecsvc.exe，运行后会扫描随机的互联网机器，尝试感染，也会扫描局域网相同网段的机器进行感染传播。此外，会释放敲诈者程序 taskschc.exe，对磁盘文件进行加密勒索。

简述该病毒的加密措施。

【问题 4】（3 分）

某单位初级网络管理员张工在拿到一台中毒机器后，发现机器文件全部被加密，同时屏幕弹出如图 11-2 的消息框。

图 11-2　试题用图

张工是否有可能通过重装系统的方法破解被加密文件？为什么？

试题二（15 分）

在网络安全中，防火墙主要用于逻辑隔离外部网络与受保护的内部网络。某图书馆服务器区网络（202.197.127.0/255.255.255.0）通过防火墙与外部网络互连，其安全需求为：①允许内部用户访

问外部网络的网页服务器；②允许外部用户访问内部网络的网页服务器（202.197.127.125）；③除
①和②外，禁止其他任何网络流量通过该防火墙。

注意：安全规则的动作方式一般为 reject 或 drop。

填写表 11-1。

表 11-1 试题表

序号	源地址	源端口	目标地址	目标端口	协议	ACK	动作
A	（1）	>1024	*	（2）	TCP	*	accept
B	（3）	（4）	202.197.127.0/24	>1024	TCP	Yes	accept
C	（5）	>1024	202.197.127.125	80	TCP	*	（6）
D	202.197.127.125	（7）	*	（8）	TCP	Yes	（9）
E	（10）	>1024	*	53	（11）	*	（12）
F	*	53	（13）	>1024	UDP	*	（14）
G	*	*	*	*	*	*	（15）

试题三（15 分）

图 11-3 是某企业网络拓扑，网络区域分为办公区域、服务器与数据区域，线上商城系统为公司
提供产品在线销售服务。公司网络保障部负责员工办公计算机和线上商城的技术支持和保障工作。

图 11-3 试题用图

【问题 1】（6 分）

某天，公司有一台计算机感染"勒索"病毒，网络管理员应采取　(1)　、　(2)　、　(3)　措施。

（1）～（3）备选答案：

A．断开已感染主机的网络连接

B．更改被感染文件的扩展名

C．为其他电脑升级系统漏洞补丁

D．网络层禁止 135/137/139/445 端口的 TCP 连接

E．删除已感染病毒的文件

【问题 2】（2 分）

图 11-3 中，为提高线上商城的并发能力，公司计划增加两台服务器，三台服务器同时对外提供服务，通过在图中　(4)　设备上执行　(5)　策略，可以将外部用户的访问负载平均分配到三台服务器上。

（5）备选答案：

A．散列　　　　　　　　B．轮询　　　　　　　C．最少连接　　　D．工作-备份

【问题 3】（2 分）

其中一台服务器的 IP 地址为 192.168.20.5/27，请将配置代码补充完整。

ifcfg-eml 配置片段如下：

DEVICE =eml
TYPE=Ethernet
UUID=36878246-2a99-43b4-81df-2db1228eea4b
ONBOOT=yes
NM_CONTROLLED=yes
BOOTPROTO=none
HWADDR=90:B1:1C:51:F8:25
IPADDR=192.168.20.5
NETMASK=　(6)　
GATEWAY=192.168.20.30
DEFROUTE= yes
IPV4_FAILURE_FATAL=yes
IPV6INTI=no

【问题 4】（4 分）

网络管理员发现线上商城系统总是受到 SQL 注入、跨站脚本等攻击，公司计划购置　(7)　设备/系统，加强防范；该设备应部署在图 11-3 中设备①～④的　(8)　处。

（7）备选答案：

A．杀毒软件　　　　　　　　　　　B．主机加固

C．WAF（Web 应用防护系统）　　　D．漏洞扫描

【问题 5】（1 分）

图 11-3 中，存储域网络采用的是__(9)__网络。

试题四（15 分）

图 11-4 为某公司拟建数据中心的简要拓扑图，该数据中心安全规划设计要求符合信息安全等级保护（三级）相关要求。

图 11-4　试题用图

【问题 1】（6 分）

1. 在信息安全规划和设计时，一般通过划分安全域实现业务的正常运行和安全的有效保障，结合该公司实际情况，数据中心应该合理地划分为__(1)__、__(2)__、__(3)__三个安全域。

2. 为了实现不同区域的边界防范和隔离，在图 11-4 的设备①处应部署__(4)__设备，通过基于 HTTP/HTTPS 的安全策略进行网站等 Web 应用防护，对攻击进行检测和阻断；在设备②处应部署__(5)__设备，通过有效的访问控制策略，对数据库区域进行安全防护；在设备③处应部署__(6)__设备，定期对数据中心内服务器等关键设备进行扫描，及时发现安全漏洞和威胁，可供修复和完善。

【问题 2】（4 分）

信息安全管理一般从安全管理制度、安全管理机构、人员安全管理、系统建设管理、系统运维管理等方面进行安全管理规划和建设。其中应急预案制定和演练、安全事件处理属于__(7)__方面；人员录用、安全教育和培训属于__(8)__方面；制定信息安全方针与策略和日常操作规程属于__(9)__方面；设立信息安全工作领导小组，明确安全管理职能部门的职责和分工属于__(10)__方面。

【问题3】（5分）

随着分布式拒绝服务（Distributed Denial of Service，DDoS）攻击的技术门槛越来越低，使其成为网络安全中最常见、最难防御的攻击之一，其主要目的是让攻击目标无法提供正常服务。请列举常用的 DDoS 攻击防范方法。

试题五（15分）

【问题1】（7分）

在下列各题中，表述正确的在括号内划"√"，表述错误的在括号内划"×"。

（1）流密码是将明文划分成字符（单个字母），或其编码的基本单元（0，1 数字），字符分别与密钥流作用进行加密，解密时以同步产生的同样的密钥流实现。（　　）

（2）以一个本原 $f(x)$ 函数为特征多项式的 LFSR 的输出序列一定是 m 序列。（　　）

（3）DES 加密算法不是一种对合函数加密算法。（　　）

（4）SHA-1 的输出长度为 160 位。（　　）

（5）入侵检测与防护的技术主要有入侵检测（IDS）和入侵防护（IPS）两种系统。（　　）

（6）绝大多数 IDS 系统都是主动的。（　　）

（7）IPS 倾向于提供被动防护。（　　）

【问题2】（4分）

入侵检测的基本模型是 PDR 模型，其思想是防护时间大于检测时间和响应时间。针对静态的系统安全模型提出了动态安全模型（P2DR）。阐述 P2DR 模型包含的四个主要部分。

【问题3】（4分）

入侵检测技术主要分成两大类型：异常入侵检测和误用入侵检测。阐述这两种类型的特点。

11.3　上午一试题分析

■ **试题分析**　计算机犯罪是指利用信息科学技术且以计算机为犯罪对象的犯罪行为。具体可以从犯罪工具角度、犯罪关系角度、资产对象角度、信息对象角度等方面定义。

首先是利用计算机犯罪，即将计算机作为犯罪工具。以构成犯罪行为和结果的空间为标准，可分为预备性犯罪和实行性犯罪。对于前者，犯罪的后果必须通过现实空间而不是虚拟空间实现。

从犯罪关系角度，计算机犯罪是指与计算机相关的危害社会并应当处以刑罚的行为。

从资产对象角度，计算机犯罪是指以计算机资产作为犯罪对象的行为。例如公安部计算机管理监察司认为计算机犯罪是"以计算机为工具或以计算机资产作为对象实施的犯罪行为"。

从信息对象角度，计算机犯罪是以计算机和网络系统内的信息作为对象进行的犯罪，即计算机犯罪的本质特征是信息犯罪。

■ **参考答案**　（1）A　（2）B

■ **试题分析**　SM3 是杂凑密码算法。

■ **参考答案** （3）C

■ **试题分析** 《中华人民共和国刑法》第二百八十五条（非法侵入计算机信息系统罪）：违反国家规定，侵入国家事务、国防建设、尖端科学技术领域的计算机信息系统的，处三年以下有期徒刑或者拘役。

■ **参考答案** （4）B

■ **试题分析** 《全国人民代表大会常务委员会关于维护互联网安全的决定》规定，威胁互联网运行安全的行为：

（1）侵入国家事务、国防建设、尖端科学技术领域的计算机信息系统。

（2）故意制作、传播计算机病毒等破坏性程序，攻击计算机系统及通信网络，致使计算机系统及通信网络遭受损害。

（3）违反国家规定，擅自中断计算机网络或者通信服务，造成计算机网络或者通信系统不能正常运行。

威胁国家安全和社会稳定的行为：

（1）利用互联网造谣、诽谤或者发表、传播其他有害信息，煽动颠覆国家政权、推翻社会主义制度，或者煽动分裂国家、破坏国家统一。

（2）通过互联网窃取、泄露国家秘密、情报或者军事秘密。

（3）利用互联网煽动民族仇恨、民族歧视，破坏民族团结。

（4）利用互联网组织邪教组织、联络邪教组织成员，破坏国家法律、行政法规实施。

■ **参考答案** （5）D　（6）D

■ **试题分析** 安全标记保护级的计算机信息系统可信计算基具有系统审计保护级所有功能。本级的主要特征是计算机信息系统可信计算基对所有主体及其所控制的客体（例如：进程、文件、段、设备）实施强制访问控制。

■ **参考答案** （7）C

■ **试题分析** 近代密码学认为，一个密码仅当它能经得起已知明文攻击时才是可取的。

■ **参考答案** （8）A

■ **试题分析** 《中华人民共和国网络安全法》要求，采取监测、记录网络运行状态、网络安全事件的技术措施，并按照规定留存相关的网络日志不少于六个月。

■ **参考答案** （9）C

■ **试题分析** 《中华人民共和国网络安全法》第二十五条：网络运营者应当制定网络安全事件应急预案，及时处置系统漏洞、计算机病毒、网络攻击、网络侵入等安全风险；在发生危害网络安全的事件时，立即启动应急预案，采取相应的补救措施，并按照规定向有关主管部门报告。

■ **参考答案** （10）B

■ **试题分析** 密文 C 经 D 解密后，再经 E 加密，可以得到密文本身。

■ **参考答案** （11）B

■ **试题分析** S/Key 口令是一种一次性口令生成方案。S/Key 可以对访问者的身份与设备进行综合验证。S/Key 协议的操作是基于客户端/服务器端模式。客户端可以是任何设备，如普通的 PC 或者是有移动商务功能的手机。而服务器一般都是运行 UNIX 系统。S/Key 协议可以有效地解决重放攻击。

■ **参考答案** （12）A

■ **试题分析** 基于数据失真的技术：使敏感数据失真，但同时保持某些关键数据或数据属性不变的方法。例如，采用添加噪声、交换等技术对原始数据进行扰动处理，但要求保证处理后的数据仍然可以保持某些统计方面的性质，以便进行数据挖掘等操作。

■ **参考答案** （13）B

■ **试题分析** 位置隐私保护体系结构可分为三种：集中式体系结构、客户/服务器体系结构和分布式体系结构。

■ **参考答案** （14）C

■ **试题分析** 特别重大的社会影响波及一个或多个省市的大部分地区，极大威胁国家安全，引起社会动荡，对经济建设有极其恶劣的负面影响，或者严重损害公众利益。

■ **参考答案** （15）A

■ **试题分析** 应急响应计划中的风险评估是标识信息系统的资产价值，识别信息系统面临的自然和人为的威胁，识别信息系统的脆弱性，分析各种威胁发生的可能性。

■ **参考答案** （16）A

■ **试题分析** 通常是计划做得越详细，在实施过程中的弹性和通用性越小。

■ **参考答案** （17）B

■ **试题分析** 业务连续性管理（Business Continuity Management，BCM）找出组织有潜在影响的威胁及其对组织业务运行的影响，通过有效的应对措施来保护组织的利益、信誉、品牌和创造价值的活动，并为组织提供建设恢复能力框架的整体管理过程。

确定 BCM 战略具体包括事件的应急处理计划、连续性计划和灾难恢复计划等内容。

■ **参考答案** （18）C

■ **试题分析** 某乙从医院病友处听到某新型禽流感发生的消息，发布在朋友圈属于散布险情、疫情、警情等违法有害信息。

■ **参考答案** （19）B

■ **试题分析** 脆弱性是对信息系统弱点的总称。

■ **参考答案** （20）A

■ **试题分析** 日志与监控需审核和保护特权用户的权限。

■ **参考答案** （21）C

■ **试题分析** 信息系统安全风险评估是信息安全保障体系建立过程中重要的评价方法和决策机制。

■ **参考答案** （22）B

■ **试题分析** 信息系统安全管理按照"三同步"原则进行，即同步设计、同步建设、同步运行。

■ **参考答案** （23）C

■ **试题分析** 蠕虫是利用信息系统缺陷，通过网络自动复制并传播的有害程序。

■ **参考答案** （24）B

■ **试题分析** 业务连续性管理是一个全盘的管理过程，重在识别潜在的影响，建立整体的恢复能力和顺应能力，在危机或灾害发生时保护信息系统所有者的声誉和利益。

■ **参考答案** （25）C

■ **试题分析** 《商用密码管理条例》规定商用密码的科研、生产由国家密码管理机构指定的单位承担，商用密码产品的销售则必须经国家密码管理机构许可，拥有《商用密码产品销售许可证》才可进行。

■ **参考答案** （26）C

■ **试题分析** 涉密信息系统安全保密标准工作组负责研究提出涉密信息系统安全保密标准体系；制定和修订涉密信息系统安全保密标准。

■ **参考答案** （27）B

■ **试题分析** 涉密人员的脱密期应根据其接触、知悉国家秘密的密级、数量、时间等情况确定。一般情况下，核心涉密人员为 3～5 年，重要涉密人员为 2～3 年，一般涉密人员为 1～2 年。

■ **参考答案** （28）D

■ **试题分析** 《可信计算机系统评测准则（Trusted Computer System Evaluation Criteria，TCSEC）》，又称橘皮书。

TCSEC 将系统分为 4 类 7 个安全级别：

D 级：最低安全性；

C1 级：自主存取控制；

C2 级：较完善的自主存取控制（DAC）、审计；

B1 级：强制存取控制（MAC）；

B2 级：良好的结构化设计、形式化安全模型；

B3 级：全面的访问控制、可信恢复；

A1 级：形式化认证。

■ **参考答案** （29）A

■ **试题分析** 部署 UPS 不防雷电。

■ **参考答案** （30）C

■ **试题分析** 通过各种线路传导出去，可以将计算机系统的电源线，机房内的电话线、地线等作为媒介的数据信息泄露方式称为传导泄露。

■ **参考答案** （31）B

■ **试题分析** 三分技术，七分管理。

■ **参考答案** （32）B

■ **试题分析** 完整性是指保护数据不被未经授权者修改、建立、嵌入、删除、重复传送或者由于其他原因使原始数据被更改。

■ **参考答案** （33）B

■ **试题分析** 攻击访问是指攻击者对目标网络和系统进行合法、非法的访问。

■ **参考答案** （34）C

■ **试题分析** 防火墙防止病毒内网向外网或者外网向内网传播，但不能防止内网病毒传播。

■ **参考答案** （35）D

■ **试题分析** 入侵检测系统的体系结构大致可以分为基于主机型（Host-Based）、基于网络型（Network-Based）和基于主体型（Agent-Based）三种。

■ **参考答案** （36）D

■ **试题分析** 一次完整的网络安全扫描分为三个阶段：

第一阶段：发现目标主机或网络。

第二阶段：发现目标后进一步搜集目标信息，包括操作系统类型、运行的服务以及服务软件的版本等。如果目标是一个网络，还可以进一步发现该网络的拓扑结构、路由设备以及各主机的信息。

第三阶段：根据搜集到的信息判断或者进一步测试系统是否存在安全漏洞。

■ **参考答案** （37）A

■ **试题分析** 第四代隔离技术：空气开关隔离。

■ **参考答案** （38）D

■ **试题分析** 拒绝服务攻击原理简单、实施容易，但是难以防范，特别是与 Botnet 网络结合后，其攻击能力大大提高。

■ **参考答案** （39）C

■ **试题分析** SYN Cookie 是对 TCP 服务器端的三次握手协议作一些修改，专门用来防范 SYN flood 攻击的一种手段。

■ **参考答案** （40）B

■ **试题分析** PKI 提供的核心服务包括真实性、完整性、保密性、不可否认性等信息安全的要求。

■ **参考答案** （41）A　　（42）B

■ **试题分析** 内容安全策略（Content Security Policy，CSP）使用可信白名单，来限制网站只接受指定的资源。CSP 可缓解广泛的内容注入漏洞，比如 XSS、数据注入等。

■ **参考答案** （43）A

■ **试题分析** 不是任何利用脚本插入实现攻击的漏洞都被称为 XSS，因为还有另一种攻击方式：Injection（脚本注入）。

跨站脚本攻击和脚本注入攻击的区别在于脚本注入攻击会把插入的脚本保存在被修改的远程 Web 页面里，如 sql injection、XPath injection。但跨站脚本是临时的，执行后就消失了。

■ **参考答案** （44）D

■ **试题分析** 时间轮巡技术，也可称为"外挂轮巡技术"，是利用一个网页检测程序，以轮询方式读出要监控的网页，与真实网页相比较，来判断网页内容的完整性，对于被篡改的网页进行报警和恢复。

■ **参考答案** （45）A

■ **试题分析** Windows 系统中的 Interactive 组，任何本地登录的用户都属于这个组。

■ **参考答案** （46）C

■ **试题分析** ipconfig/all：显示所有网络适配器的完整 TCP/IP 配置信息。

route print：用于显示路由表中的当前项目。

tracert -d：禁止 tracert 将中间路由器的 IP 地址解析为名称。这样可加速显示 tracert 的结果。

nslookup：用于查询域名对应的 IP 地址。

■ **参考答案** （47）B

■ **试题分析**

第1位描述文件类型，d表示目录，- 代表普通文件，c代表字符设备文件，1代表符号连接文件

第1组三位字符串表示所有者权限，r、w、x表示可读、可写、可执行

第2组三位字符串表示同组用户权限

第3组三位字符串表示其他用户权限

d rwx r-x r-x

■ **参考答案** （48）B

■ **试题分析** Android 使用 Linux 作为操作系统。

■ **参考答案** （49）C

■ **试题分析** 用户身份鉴别是指验证用户的身份是否真实、合法。

■ **参考答案** （50）A

■ **试题分析** SQL 注入可能导致攻击者使用应用程序登录在数据库中执行命令。如果应用程序使用特权过高的账户连接到数据库，后果会变得更严重。

■ **参考答案** （51）B

■ **试题分析** 计算机病毒的生命周期一般包括潜伏阶段、传播阶段、触发阶段、发作阶段四个阶段。

■ **参考答案** （52）D

■ **试题分析** 沙箱里的资源被虚拟化或被间接化，沙箱里的不可信程序的恶意行为往往会被限制在沙箱中。

■ **参考答案** （53）D

■ **试题分析**　完善的签名是唯一的。

■ **参考答案**　（54）D

■ **试题分析**　涉密信息系统，划分等级包括秘密、机密、绝密。

■ **参考答案**　（55）D

■ **试题分析**　风险评估能够对信息安全事故防患于未然，已经渡过的风险就不应成为风险评估的基本要素。

■ **参考答案**　（56）D

■ **试题分析**　经验表明身体特征（指纹、掌纹、视网膜、虹膜、人体气味、脸型、手的血管和 DNA 等）和行为特征（签名、语音、行走步态等）可以对人进行唯一标示，可以用于身份识别。

■ **参考答案**　（57）B

■ **试题分析**　WPDRRC 模型有六个环节和三大要素。六个环节是 W、P、D、R、R、C，它们具有动态反馈关系。其中，P、D、R、R 与 PDRR 模型中出现的保护、检测、反应、恢复等四个环节相同；W 即预警（warning）；C（counterattack）则是反击。

■ **参考答案**　（58）D

■ **试题分析**　易破坏性是指电子证据很容易被篡改、删除而不留任何痕迹。计算机取证要解决的关键问题是电子物证如何收集、如何保护、如何分析和如何展示。

■ **参考答案**　（59）C

■ **试题分析**　由于 MySQL 中可以通过更改 mysql 数据库的 user 表进行权限的增加、删除、变更等操作。因此，除了 root 以外，任何用户都不应该拥有对 user 表的存取权限（SELECT、UPDATE、INSERT、DELETE 等），避免带来系统的安全隐患。

■ **参考答案**　（60）A

■ **试题分析**　鲁棒性攻击以减少或消除数字水印的存在为目的，包括像素值失真攻击、敏感性分析攻击和梯度下降攻击等。

■ **参考答案**　（61）A

■ **试题分析**　当 S 盒输入为"100011"时，则第 1 位与第 6 位组成二进制串"11"（十进制 3），中间四位组成二进制"0001"（十进制 1）。查询 S 盒的 3 行 1 列，得到数字 15，得到输出二进制数是 1111。

■ **参考答案**　（62）A

■ **试题分析**　TCP 协议是一种可靠的、面向连接的协议，通信双方使用三次握手机制来建立连接。当一方收到对方的连接请求时，回答一个同意连接的报文，这两个报文中的 SYN=1，并且返回的报文当中还有一个 ACK=1 的信息，表示是一个确认报文。

■ **参考答案**　（63）C　（64）A

■ **试题分析**　Kerberos 系统使用一次性密钥和时间戳来防止重放攻击。

■ **参考答案**　（65）A

■ **试题分析**　标准的电子邮件协议使用的 SMTP、PoP3 或者 IMAP。这些协议都是不能加密的。而安全的电子邮件协议使用 PGP 加密。

■ **参考答案** （66）A

■ **试题分析** 一共有三个私有地址段，地址范围分别是 10.0.0.0～10.255.255.255；172.16.0.0～172.31.255.255；192.168.0.0～192.168.255.255。

■ **参考答案** （67）C

■ **试题分析** 审计和监控是实现系统安全的最后一道防线，处于系统的最高层。审计作为一种事后追查的手段来保证系统的安全，它对涉及系统安全的操作做一个完整的记录。

■ **参考答案** （68）B

■ **试题分析** B 方收到密文的解密方案是：先使用 B 方的秘密密钥对密文 M'进行解密，然后使用 A 方的公钥对结果进行解密。

■ **参考答案** （69）C

■ **试题分析** 选择明文攻击：攻击者可以任意创造一条明文，并得到其加密后的密文。

■ **参考答案** （70）C

■ **试题分析** 如果缺乏适当的安全措施，网络的每一部分对安全部门来说都是脆弱的，特别是遭受来自闯入者、竞争对手甚至内部雇员的未经授权的侵入活动时。很多管理自己内部网络的组织，大部分都使用互联网，而且不仅仅是发送/接收电子邮件，这些公司都经历过网络攻击，大部分甚至还不知道他们被攻击过。那些小公司还会因为虚假的安全感觉而洋洋自得。他们通常只能对最近发现的计算机病毒或者给他们网站造成的损害做出反应。但是他们已经陷入了没有必要的时间和资源来进行安全防护的困境。

■ **参考答案** （71）A （72）B （73）A （74）C （75）D

11.4 下午一试题分析

试题一分析

【问题 1】WannaCry 病毒利用方程式组织工具包中的"永恒之蓝"漏洞工具，进行网络端口扫描攻击。EternalBlue（永恒之蓝）是方程式组织开发的针对 SMB 服务进行攻击的模块。

【问题 2】勒索软件需要利用系统服务端口号为 445。

【问题 3】病毒加密使用 AES 加密文件，并使用非对称加密算法 RSA 加密随机密钥，每个加密文件使用一个随机密钥。

试题一答案

【问题 1】

（1）永恒之蓝 （2）SMB

【问题 2】

（3）445

【问题 3】

病毒加密使用 AES 加密文件，并使用非对称加密算法 RSA 加密随机密钥，每个加密文件使用一个随机密钥。

【问题 4】

不能破解被加密文件。因为病毒加密后的文件，不能通过重装系统恢复。

试题二分析

规则 A 和 B 允许内部用户访问外部网络的网页服务器。

规则 C 和 D 允许外部用户访问内部网络的网页服务器。

规则 E 和 F 允许内部用户访问域名服务器。

规则 G 是缺省拒绝的规则。

安全规则涉及的服务有网页服务器、域名服务，所以其端口有 80、53。具体见表 11-2。

表 11-2　完整表格

序号	源地址	源端口	目标地址	目标端口	协议	ACK	动作
A	202.197.127.0/24	>1024	*	80	TCP	*	accept
B	*	80	202.197.127.0/24	>1024	TCP	Yes	accept
C	*	>1024	202.197.127.125	80	TCP	*	accept
D	202.197.127.125	80	*	>1024	TCP	Yes	accept
E	202.197.127.0/24	>1024	*	53	UDP	*	accept
F	*	53	202.197.127.0/24	>1024	UDP	*	accept
G	*	*	*	*	*	*	drop

试题二答案

（1）202.197.127.0/24　（2）80　（3）*　（4）80　（5）*
（6）accept　（7）80　（8）>1024　（9）accept　（10）202.197.127.0/24
（11）UDP　（12）accept　（13）202.197.127.0/24　（14）accept　（15）drop

试题三分析

【问题 1】

合适的做法包括 A、C、D。

【问题 2】

负载均衡设备就是实现负载均衡的基本设备，因此（4）应该选择负载均衡设备。具体的均衡的方法可以使用轮询的形式，每个请求按照访问的顺序，逐个循环的分配到三台主机上。

【问题 3】

从/27 就可以计算掩码是 255.255.255.224。

【问题 4】

Web 应用防护系统（Web Application Firewall，WAF）代表了新兴的信息安全技术，用以解决防火墙一类传统设备束手无策的 Web 应用安全问题。WAF 工作在应用层，因此对 Web 应用防护具有明显的优势。

【问题 5】

从光纤交换机就可以看出应该是 SAN 网络。

试题三答案

【问题 1】

（1）～（3）A、C、D

【问题 2】

（4）负载均衡设备　　（5）B

【问题 3】

（6）255.255.255.224

【问题 4】

（7）C　　（8）④

【问题 5】

（9）SAN

试题四分析

略

试题四答案

【问题 1】

（1）核心数据域　　（2）核心业务域　　（3）安全管理域

注：（1）～（3）不分位置。

（4）WAF　　（5）防火墙　　（6）漏洞扫描或者威胁感知

【问题 2】

（7）系统运维管理　　（8）人员安全管理　　（9）安全管理制度　　（10）安全管理机构

【问题 3】

（1）购买运营商流量清洗服务。

（2）采购防 DDoS 设备。

（3）修复系统漏洞，关闭不必要开放的端口。

（4）购买云加速服务。

（5）增加出口带宽，提升硬件性能。

（6）CDN 加速。

试题五分析

【问题 1】

n 级的线性反馈移位寄存器输出序列周期小于等于 2^n-1。使用合适的连接多项式可以使得周期

等于 2^n-1，此时的输出序列称为 **m 序列**。

DES 使用了**对合运算**，加密和解密共用同一算法。

入侵检测技术（IDS）注重的是网络安全状况的监管，通过监视网络或系统资源，寻找违反安全策略的行为或攻击迹象，并发出报警。因此绝大多数 IDS 系统都是被动的。

入侵防护系统（IPS）则倾向于提供主动防护，注重对入侵行为的控制。

【问题2】

Policy（安全策略）、Protection（防护）、Detection（检测）和 Response（响应）。

【问题3】

误用入侵检测能直接检测不利的或不可接受的行为,而异常入侵检测是检查出与正常行为相违背的行为。

试题五答案

【问题1】

（1）√　（2）√（3）×　（4）√　（5）√　（6）×　（7）×

【问题2】

Policy（安全策略）、Protection（防护）、Detection（检测）和 Response（响应）。

【问题3】

异常入侵检测是指能够根据异常行为和使用计算机资源情况检测出来的入侵。这种检测方式试图用定量方式描述可接受的行为特征，以区分非正常的、潜在的入侵性行为。

误用入侵检测是指利用已知系统和应用软件的弱点攻击模式来检测入侵。

参考文献

[1] 谢希仁．计算机网络．5 版．北京：电子工业出版社，2008．

[2] 王达．路由器配置与管理完全手册（Cisco 篇）．武汉：华中科技大学出版社，2011．

[3] 王达．交换机配置与管理完全手册（Cisco/H3C）．北京：中国水利水电出版社，2009．

[4] Andrew S.Tanenbaum．计算机网络．4 版．潘爱民，译．北京：清华大学出版社，2009．

[5] 黄传河．网络规划设计师教程．北京：清华大学出版社，2009．

[6] 张焕国．信息安全工程师教程．北京：清华大学出版社，2016．

[7] 朱小平．网络工程师 5 天修炼．2 版．北京：中国水利水电出版社，2015．